普通高等教育"十一五"国家级规划教材

全国烹饪专业规划教材

菜单与宴席设计

CAIDAN YU YANXI SHEJI

（第4版）

主　编　周妙林

副主编　张荣春

参　编　颜　忠　陆理民

U0241912

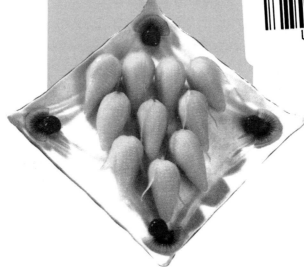

北京·旅游教育出版社

责任编辑:张　萍

图书在版编目(CIP)数据

菜单与宴席设计／周妙林主编.-北京：旅游教育出版社，2005.7（2024.1 重印）
（全国烹饪专业规划教材）
ISBN 978-7-5637-1290-8

Ⅰ.菜…　Ⅱ.周…　Ⅲ.①菜谱—设计—教材②宴会—设计—教材
Ⅳ.TS972

中国版本图书馆 CIP 数据核字(2005)第 059726 号

普通高等教育"十一五"国家级规划教材

全国烹饪专业规划教材

菜单与宴席设计

（第 4 版）

周妙林　主　编

张荣春　副主编

出版单位	旅游教育出版社
地　　址	北京市朝阳区定福庄南里 1 号
邮　　编	100024
发行电话	(010)65778403 65728372 65767462(传真)
E-mail	tepfx@ 163.com
印刷单位	唐山玺诚印务有限公司
经销单位	新华书店
开　　本	720 毫米×960 毫米　1/16
印　　张	13.125
字　　数	210 千字
版　　次	2017 年 6 月第 4 版
印　　次	2024 年 1 月第 7 次印刷
定　　价	27.00 元

（图书如有装订差错请与发行部联系）

出版说明

　　改革开放以来,我国的烹饪教育得到了快速发展,烹饪专业教材建设也取得了丰硕的成果。但是,随着人民生活水平的不断提高,餐饮业自身也发生了许多新变化。对烹饪教学提出了许多新要求,因此,编写一套符合我国烹饪职业教育发展要求,满足烹饪教学需要,规范、实用的烹饪专业教材就显得尤为必要。

　　本系列烹饪专业规划教材就是为了配合国家职业教育体制改革,培养旅游、餐饮等服务行业烹饪岗位的应用型人才,由我社聘请众多业内专家,根据《国务院关于大力推进职业教育改革与发展的决定》中关于职业教育课程和教材建设的总体要求与意见,结合餐饮旅游行业的特点精心编写的国家骨干教材。

　　在教材编写中,我们征求了教育部职业教育教学指导委员会有关专家委员及餐饮行业权威人士的意见,对众多烹饪学校及开设烹饪专业的相关学校和餐饮企业进行了调研,并在充分听取广大读者意见的基础上,确定了本套教材的编写原则和模式:针对行业需要,以能力为本位、以就业为导向、以学生为中心,重点培养学生的综合职业能力和创新精神。

　　该系列教材在编写中,始终立足于职业教育的课程设置和餐饮业对各类人才的实际需要,充分注意体现以下特点:

　　第一,以市场为导向,以行业适用为基础,紧紧把握职业教育所特有的基础性、可操作性和实用性等特点。根据职业教育以技能为基础而非以知识为基础的特点,尽可能以实践操作来阐述理论。理论知识立足于基本概念、基础理论的介绍,以够用为主,加大操作标准、操作技巧、模拟训练等操作性内容的比重。做到以技能定目标,以目标定内容,学以致用,以用促学。另外,考虑到烹饪专业学生毕业时实行"双证制"的现实要求,编者在编写过程中注意参考劳动部职业技能鉴定的相关标准,并适当借鉴国际职业标准,将职业教育与职业资格认证紧密相连,避免学历教育与职业资格鉴定脱节。

　　第二,充分体现本套教材的先进性和科学性。尽量反映现代科技、餐饮业中广泛运用的新原料、新工艺、新技术、新设备、新理念等内容,适当介绍本学科最新研究成果和国内外先进经验,以体现出本教材的时代特色和前瞻性。

　　第三,以体现规范为原则。根据教育部制定的有关职业学校重点建设专业教学指导方案和劳动部颁布的相关工种职业技能鉴定标准,对每本教材的课程性质、适用范围、教学目标等进行规范,使其更具有教学指导性和行业规范性。

第四,确保权威。编写本系列教材的作者均是既有丰富的教学经验又有丰富的餐饮工作实践经验的业内专家,对当前职教情况、烹饪教学改革和发展情况以及教学中的重难点非常熟悉,对本课程的教学和发展具有较新的理念和独到的见解,能将教材中的"学"与"用"这两个矛盾很好地统一起来。

第五,体例编排与版式设计新颖独特。对有关制作过程、原料等的讲述,多辅以图示和图片,直观形象,图文并茂。在思考与练习的题型设计上,本套书的大部分教材均设置了职业能力应知题和职业能力应用题两大类,强化教材的职业技能要求,充分体现职业教育教材的特点,既方便教师的教学,又有利于学生的练习与测评。

作为全国唯一的旅游教育专业出版社,我们有责任把最专业权威的教材奉献给广大读者。在将这套精心打造的烹饪专业教材奉献给广大读者之际,我们深切地希望所有的教材使用者能一如既往地支持我们,及时反馈你们的意见和建议,我们将不断完善我们的工作,回报广大读者的信任与厚爱!

旅游教育出版社

前　言

为了全面贯彻落实《国务院关于大力推进职业教育改革与发展的决定》和教育部关于职业教育课程和教材建设总体要求与意见，根据我国当今餐饮市场经济发展需求，满足中、高等职业院校教育改革和发展的要求，培养更好更多符合餐饮企业需要的高素质职业技术及管理的人才的需求，我们在旅游教育出版社的倡导下，于2005年组织部分有实际餐饮管理工作经验的资深教师及行业专家编写了这本《菜单与宴席设计》教材。本教材面世以来多次重印，深受各中、高等职业院校及广大读者的青睐，2009年出版的《菜单与宴席设计》（第2版）被教育部评为普通高等教育"十一五"国家级规划教材。2011年被江苏省教育厅评为"精品教材"。为了使本教材更加与时俱进，满足教学及广大读者的需求，2014年编者在本书第二版的基础上又做了较大范围的修订，出版的第三版深受全国各中、高等职业院校及广大读者的喜爱。2017年，在旅游教育出版社的提议下，本书再次进行修订，修订后的教材有如下几方面特点：

一、以教学目标为宗旨，以知识为基础，以技能为核心，以提升学生综合能力为指南，结合国家职业技能鉴定考核的标准，本着适用、实用、实践的原则，打破传统教材编写的条框，摒弃重理论，轻实践的模式，由简到繁，由易到难，循序渐进，按学生的认识规律和操作实例排列，即方便教学，又提高学生的实际操作能力和水平。

二、随着我国国民经济的快速发展，人民生活水平和消费观念发生了很大的改变，为了紧随餐饮行业的发展，培养学生的综合能力，本书在第三版的基础上新增"餐饮单品店菜品与菜单设计"和"咖啡厅（馆、店）菜品与菜单设计"两节内容，并对书中部分内容进行修正及更新，使教材内容更加丰富，体现出前瞻性这样也有利于广大学生及读者在以后的工作中具有较强的设计各种菜品与菜单的能力，提高他们的创新与管理水平。

三、教材以学习目标为引导，每章内容理论联系实际，有"实例""本章小结""职业能力应知题""职业能力应用题"等栏目，而且将探究式、互动式、开放式的教学方法融入教材内容中，在编写形式和内容上体现了弹性学制的要求，有的章节可选学，使每个章节内容即相对独立，又相互交叉，以模块的方式组合在一起，以满足不同院校、不同专业、不同学制、不同地域的教学实践需要，有利于教学，由此形成全新的教材体系。

本教材共分11章，分别是概述、菜单与宴席的设计原则与要求、零点菜单与菜品设计、套餐菜单与菜品设计、特色餐厅菜品与菜单设计、特种餐菜品与菜单设计、宴席菜品与菜单设计、美食节菜单与菜品设计、主题宴席菜单与菜品设计、菜品定价、菜单与宴席设计改革和创新。经过修订后的教材,章节结构更为合理,内容更加丰富,并且用大量的菜单实例及案例加以说明,有利于学生模仿实习,尽快掌握各种菜单及宴席设计,提高他们的技术水平和管理水平。本书既可作为中、高等职业院校旅游、酒店管理、烹饪专业及相关培训机构的教材,又可作为各类酒店及餐饮、烹饪从业人员工作之读本。

本教材由南京旅游职业学院周妙林编写第一、二、三、五(除第五节)、六、九章;张荣春编写第七章(除第二节)、八、十一章;颜忠编写第四、十章;陆理民编写第七章第二节和第五章第五节。全书由周妙林主编、张荣春副主编,周妙林统稿。

本书在编写过程中参考和借鉴了国内外众多专家和学者的最新研究成果,还引用了部分酒店与餐饮企业的业务成果,并得到南京旅游职业学院有关领导和老师的大力支持和帮助,还得到金陵饭店酒店管理公司副总经理花惠生、南京富球餐饮管理有限公司李廷富总经理等同志的大力帮助和指导。在此对以上为本书做出贡献的单位和个人谨致衷心感谢。由于编者水平有限,加上时间仓促,书中不足之处,敬请读者不吝赐教。

编者

2017 年 4 月

目　录

第 *1* 章

概　　述

- 了解菜单与宴席设计的起源与发展
- 掌握菜单与宴席设计的特点与作用
- 掌握菜单与宴席的分类方法
- 了解菜单与宴席的命名

菜单与宴席设计,是餐饮企业根据经营项目、用餐对象、饮食习惯及要求,设计出不同类别、规格的饮食菜单并加以制作的过程。

我国的烹饪文化历史悠久,博大精深,驰誉世界。历代名厨名师无一不是设计宴席和制作菜品的高手,为后世留下了许多独具风格、脍炙人口的菜肴、菜单。这些菜肴、菜单蕴含着中国的饮食文化、科技和艺术,是一笔弥足珍贵的文化遗产。随着我国国民经济的发展,人民生活水平的不断提高,国际、国内的交流日益频繁,人们对餐饮业的要求越来越高,好的菜单与宴席设计既可以作为餐饮企业与顾客交流的工具,宣传产品种类,塑造企业形象,吸引顾客消费,又可以作为餐饮企业的工作文件和员工工作指南,提高餐饮企业的竞争力和经济效益,同时还是衡量厨师或餐饮管理者水平的重要标志。

第一节　菜单与宴席设计的起源与发展

我国菜单与宴席设计的起源与发展经过了一个漫长的历史过程。在上古时期,由于社会生产力水平低,人们衣不遮体,食不果腹,不可能有什么菜单与宴席。随着生产力的发展,食物日益丰富,人们的交往不断增多,多人聚餐的方式逐渐形成,菜单与宴席设计也随之产生,并不断得到发展完善。其发展大致有如下几个阶段:

一、起源阶段

我国菜单与宴席设计的起源,可以追溯到三千多年前的殷朝时期。历代殷王为祭祀他们的祖先,就用牛鼎、鹿鼎等盛器来盛装祭品,在祭祀之后,所有参加者便围在那些装满食物的祭器旁尽情饱餐一顿。在《礼记·表记》中有"殷人尊神,率民以事神,先鬼而后礼"的记载。此后,奴隶主阶级为了巩固政权,极力宣传"君权神授"的唯心史观,加剧了先民对神鬼的崇拜,祭祀活动逐步升级,日渐成习,祭品和陈列祭品的礼器应运而生,出现了木制的豆。古代最隆重的祭品是牛、羊、豕三牲组成的"太牢",这都是祭祀天神或祖宗用的。如果单祭天神,求赐丰收,一只猪蹄便可以;如果单祭战神,保佑胜利,杀条狗也就行了。至于礼器,则有豆、俎、笾等。每逢大祀,还要击鼓奏乐,吟诗跳舞,宾朋云集,礼仪颇为隆重。祭仪完毕,若是国祭,君王则将祭品分赐大臣;若是家祭,亲朋好友将共享祭品。从祭祀形式看,祭品转化为菜品,礼器演变成餐具。后来,殷人逐渐模仿祭祀鬼神的做法来宴请客人,如殷纣王当政时,最为奢侈。根据《史记正义》引《括地志》,纣王每次野宴的时候,在离宫、馆之间,挂起来的肉像个树林,还特别筑一个池,里面放满了酒,用酒糟堆成山,划船在酒池里豪饮,到处笙歌管弦,深夜不绝,男女三千多人,饮到醉醺醺之时,就举行裸体群舞,真是荒淫无道。尽管如此,殷朝无论是祭祀活动,还是纣王野宴,其盛器简陋、食品粗俗,谈不上什么菜单与宴席设计,只能说是其雏形的开始。

二、形成阶段

周朝时期,菜单与宴席设计有了很大的进展,宴席从过去主要为祭祀而设发展为有许多宴席是名正言顺地为活人而设,各种制度趋于讲究。例如,三年一次的"乡饮酒"礼规定:60 岁以上的人可以坐席而食,而 50 岁及以下的人只能站着伺候长者,站着饮食。在许多场合,贵客和尊主进食,均由自己的妻妾举案献食或由仆人献食,吃一味,献一味,一味食毕,再献另一味。并规定,天子膳食,由膳夫献食,膳夫要先尝食,目的是表明食物无毒。在菜品设计上也有严格规定,往往以菜点的多少体现森严的等级差别。如《礼记·礼器》中记载,天子之豆二十有六,诸公十有六,诸侯十有二,上大夫八,下大夫六。又传,一个诸侯请下大夫吃一顿饭,要 45 个馔肴,其中正馔 33 件,加馔 12 件,并且都有一定的规定。这大概是后世必须制定菜单与宴席设计的来历。

三、发展阶段

唐宋时期经济空前繁荣,科学文化相当发达,对外交往日益频繁,菜单与宴席设计也进入了一个变革的发展时期。从形式上来看,由席地而食上升为坐椅凳,凭桌而食,席面也随之升高。宴席的概念有了新的含义,不再代表旧时铺地的坐垫。到了五代前后,便有了木椅,椅背上有靠背椅单,用虎皮之类做成,即太师椅。把铺在地上的筵席升到桌上,有了围桌的桌帏,并把编草制品变成了布制品。从此,那种席地而宴的不卫生的局面也就结束了,并且实行了分食制。五代时贵胄饮宴,实行一人一桌一椅的一席制,每个席面上各置食馔数品(见《韩熙载夜宴图》)。可见,分食制并不是仅兴于西方国家的饮食方式,我国也有着悠久的饮食分食习惯。

从菜单规格上来看,《镜花缘》中就有相关宴会的描述:"宾主就位之初,除果品、冷菜十余种外,酒过一二巡,则上小盘小碗,少者或四或八,多者十余种至二十余种不等,其间或上点心一二道,小吃上完,方及正肴,菜既奇丰,碗亦奇大,或八九种至十余种不等。"再如唐代韦巨源招待唐天子的"烧尾宴",各种菜点多达58道。但是南宋绍兴二十一年(1151年),清河郡王张俊在家中宴请宋高宗,各种菜点共计250件(见《武林旧事》卷9)。唐宋御宴,不仅菜多,桌次也多,赴宴者常常多达数百人,还有各种大型歌舞杂技助兴。另外,在宴会的用料上也更为广泛,已从山珍扩大到海味,由家禽扩展到异物,菜肴花式推陈出新,烹调工艺日益精湛,使菜品与宴席设计达到了很高的水平。

四、成熟阶段

明清时期是我国烹调技术发展的全盛时期,也是菜品与宴席设计趋于成熟的时期,无论是餐厅设施设备,还是菜品与宴席设计的规模和种类,都是前世无法比拟的。

从餐厅的设备设施来看,明清之际出现了红木八仙桌,清代康熙、乾隆年间出现了团圆桌,又称大圆桌。太师椅、鼓形凳在餐厅到处可见,桌帏、椅套不少均是丝绸、锦缎绣品制成。餐具品种多种多样,式样十分讲究。餐厅环境注重雅致舒适,布置要求富丽堂皇。宾客入座,讲究一定的规矩。

从宴席的规模、名目和结构来看,唯有"千叟宴"场面最大,规模最盛,耗费最巨。"千叟宴"系清代宫廷为年老重臣和各地贤达耆老举办的高级礼宴,因与宴者均是60岁以上的男子,每次都超过千人或数千人,故称"千叟宴"。清廷"千叟宴"从康熙到嘉庆前后举办过四次,以后,由于财力不足,这种规模盛大的宫廷宴礼再也不举办了。后来,清代官场中流行一种"满汉全席",这种"满汉全席"规定满族菜和汉族菜并举,大小菜肴共108件,其中南菜54件,北菜54件,且点菜不限于108种,有时菜肴多达200多种。到了光绪年间,西太后慈禧的生活更加骄奢,"满汉全席"菜肴更加丰富精美。一般官宦每逢宴客,也无不以设"满汉全席"为荣。

当时在菜单与宴席设计的技术上,有了全新的发展,制作技艺和设计水平日臻完善。如烹调方法有炒、爆、煨、炸、烤、烘、炖、焖、熘等,所用原料非常广泛。菜品结构上,有冷菜、热炒、大菜、饭点、茶果等。市肆酒楼、饭馆的宴会规格往往以原料贵贱、碗碟多少、技艺高低来区分档次;有的以一桌主菜定名,如燕窝席、鱼翅席、海参席等;有的按宴会规格的不同分为十六碟(八大八小)、十二碟(六大六小)、八碟(四大四小)、十大件、八大吃、八大碗等;还有"十六碟,八簋,四点心"(见《随园食单》);还有全羊席、全牛席、全鱼席、全鸭席、全蟹席、全素席等。总之,明、清时期,宴席设计无论是规模,还是菜品种类及技术水平都是空前的。

五、改革创新阶段

新中国成立后,特别是改革开放以来,党和政府非常重视饮食业的发展,创办了各种各样的烹饪院校和研究机构,广大烹饪工作者在继承和发扬传统烹调工艺的基础上,对菜品与宴席设计进行大胆改革、不断创新。从过去品种数量多而粗糙,到现在品种精而细腻;从过去菜品名称陈旧重复,思想性、技艺性、科学性很难协调发展,到现在菜品的主题、名称新颖,思想性、技艺性、科学性能有机结合。特别是采用"古为今用,洋为中用"方针,打破传统的帮派壁垒,选用新原料、新调料、新工艺、新设备,广集各菜系之长,古菜翻新、新菜复古、中菜西做、西菜中做、菜点结合、土洋结合,使菜单与宴席设计更具有广泛的民族性、时尚性和科学性。

纵观中国的餐饮历史,菜品与宴席设计源于殷朝,形成于周朝,兴于唐宋,盛于明清。随着历史变迁,菜品与宴席设计从简到繁,又从繁到简,更加符合人们饮食的需求。

当今的菜品与宴席设计已成为餐饮企业在经营中不可缺少的一部分,无论是各类餐厅,还是举办国宴,或是大众酒席均少不了菜品的设计,菜品设计的好坏不仅反映出饭店的经营水平和烹调技术的水平,同时直接关系到饭店餐饮的经济效益和社会效益。随着我国人民生活水平的不断提高,国际交往日益频繁,人们对饮食的要求和对美好生活的追求有了更高的标准,对菜品与宴席设计也赋予了更新的任务和要求。

第二节 菜单与宴席设计的特点与作用

一、菜单与宴席设计的特点

菜单与宴席设计是整个餐饮经营中一道最关键的工序,设计水平的高低往往直接关系到餐饮经营的好坏,要使设计达到理想的效果,必须掌握菜单与宴席设计的特点。

（一）知识的全面性

一个合格的菜单与宴席设计者，必须具有丰富的知识，不但要掌握烹饪原料学的有关知识，懂得各种烹饪原料的产地、产季、质量和价格，还要掌握烹饪学的有关知识，懂得各种菜肴在烹调过程中的理化反应、色泽变化、加热时间等，同时，还要掌握营养学、心理学、美学、生理学、管理学等多学科的有关知识，才能胜任菜单与宴席的设计工作。

（二）工艺的丰富性

在菜单与宴席设计中，无论是零点菜单还是宴席菜单，都要根据顾客的需求和风格习惯，做到风格统一、变化有序，避免菜品单一、工艺雷同。如设计零点菜单，有冷菜、热炒、大菜、点心、汤类等内容，菜品的色泽、口味、烹调方法等应该多种多样，给顾客挑选的余地。如设计套餐或宴席菜品时更要注意菜肴的变化，在选用原料上有山珍海味、鸡鸭鱼肉、蔬菜等；在刀工处理上有块、条、丁、片、末、蓉等；在菜肴色泽上要讲求五颜六色；在烹调技法上有炒、爆、烧、烘、炖、焖、煨等多种方法；在口味上要有酸、甜、苦、辣、咸、香、鲜等多种味道；在菜肴的质感上要有脆、软、嫩、酥、糯多种区别；在器皿运用上有陶瓷、玻璃制品等多种材料制成的盘、碗、碟、盅、锅等；菜品有冷菜、热炒、大菜、点心、汤等多种类型，数量不宜太多或太少，要恰到好处。

（三）类别的差异性

菜单的种类很多，有零点菜单、团体套餐菜单、各种宴席菜单、快餐菜单等，其档次也有很大的差别。所以，不同菜单的设计方法也不一样。如零点菜单中，要求有冷菜、热炒、大菜、点心、汤类等菜肴，其菜肴数量要有一定的比例，使顾客有选择的余地；团体套餐要求每天的菜肴不能雷同，数量不宜太多或太少，上菜的速度要快；宴席菜应根据价格高低，在用料、制作方法、菜肴的结构等方面有很大的区别。由于不同地区，人们的生活习惯和消费水平存在差异，在菜单设计中要特别注重当地的饮食习俗和风土人情，使人一朝品食，终生难忘。

（四）组织的周密性

菜单与宴席设计牵涉面广，要求高，环节严密，是一个系统工程，在整个组织实施过程中，要考虑各方面的因素，做到万无一失。如在确定菜肴时，就必须考虑原料的供求状况、价格高低、厨师技术水平力量及服务人员的配套等因素，特别在设计重要或大型宴席时更要考虑全面周到，要从原料采购、厨房设备、厨师的选定分工、餐具清洗、出菜程序、前后台的协调等方面逐一落实。组织者不但要熟悉烹调技术，还要了解服务的程序和标准，具有经营管理和指导才能，每个细节都不能敷衍了事，否则会留下无法弥补的遗憾。

（五）创新的永恒性

菜单与宴席设计的方法不是一成不变的,而是要根据饮食者所在地的生活习惯、风土人情、经济状况和个人的饮食心理等因素不断变化,勇于创新,才能满足不同人群的饮食需求。如欧美人喜食一些用煎、烤、炸等烹调方法制作的菜肴;日本人喜食一些用煮、蒸、炒等烹调方法烹制的清淡菜肴;华侨喜食家乡的传统菜肴,有一种对家乡的思念之情;青年人喜食一些新、奇、怪的时尚菜肴;老年人喜食软嫩、易消化的菜肴。随着社会的进步,饮食者对菜肴的要求越来越高,不但要吃得饱、吃得好,更要求吃得卫生,吃得科学,吃得健康。各民族、各地区、各种人群的饮食喜好和习惯不一样,我们在菜品与宴席设计中要根据不同的饮食对象和客人的要求,不断改革和创新,才能紧跟时代发展的步伐。

二、菜单与宴席设计的作用

菜单与宴席设计对促进餐饮销售,扩大饭店知名度,加强餐饮业内部的运行与管理等有着十分重要的作用。

（一）促进餐饮销售的重要手段

一份理想的菜单不仅可以给客人介绍产品的特色、种类、价格和服务,而且可以通过装饰的各种图案、菜肴的照片及艺术设计,给人一种感性的认识,勾起客人的食欲,促进产品销售。它是连接饭店与顾客的桥梁,起着买卖的媒介作用,提示和吸引新老顾客再次光顾饭店。它无声地宣传和反映了饭店的经营主题、风味特色、菜肴的品种和质量、服务与管理的水平,对促进产品销售起到积极的作用。

（二）扩大饭店声誉的重要途径

在菜单与宴席设计中,设计者往往把本饭店一些名菜、名点、品牌菜、特色菜设计在其中,这不仅反映出饭店的经营风格和特点,而且展示出饭店的烹调技术水平及管理水平,尤其一些重大的宴席,经过精心设计和组织,提供优质的菜肴和服务,营造出幽雅的环境,会给客人留下深刻印象。通过客人相互的介绍宣传,一定会带来更多的客源,这对扩大饭店的声誉,提升饭店的品牌,增强饭店竞争力有着深远的意义。

（三）员工为消费者服务的重要依据

不同的菜单设计就要求提供不同的服务,客人根据菜单来选择所需的产品,员工根据菜单来满足客人所提出的要求。无论设计的是零点菜单,还是各种宴席的菜单,饭店员工必须依据设计的要求去为客人服务。如菜单中有清蒸螃蟹这一菜肴,采购员必须根据菜单设计要求去采购螃蟹,厨师必须根据菜单设计的要求去烹调,服务员必须根据客人吃螃蟹所需的餐具、刀具、钳和签等要求提供服务。再如一份中餐宴席菜单和一份自助宴席菜单,其内容、风格、标准和服务的程序是不一样的,中餐宴席只能先上冷菜,待客人开始进餐时,才能准备开始烹调热菜,而且要根据客人进餐的速度,吃完一个菜再上一个菜,保证菜肴的质量,在服务上以提供筷子、碟盘、汤匙为主;而自助宴席厨师可根据菜单顺序,在客人就餐前半小时左右把所有的菜品逐一摆放在桌上,服务员根据自助宴席的特点和需要增设保温锅、刀、叉、大小不一的碟盘、汤匙、筷子等各种餐具和酒具,目的是根据客人的饮食习惯,提供方便。

(四)控制服务质量和产品价格的重要工具

饭店管理者可根据菜单与宴席设计的内容和要求检查工作,并对产品的价格作必要的评估,定期了解菜单设计中哪些菜肴客人喜欢,哪些菜肴客人很少问津,客人对每个菜肴的价格反应如何等,在认真分析后作必要的调整,如对那些销售量很低的菜肴可及时改进或取消,对那些销售量很高的菜肴要保质保量、精益求精,为饭店打出品牌。菜品价格的高低往往是顾客选择饭店消费的重要依据。管理者应根据菜单与宴席设计中的价格,了解每个菜品或每桌宴席的成本率、毛利率、利润率,在保证必要利润的同时,适当调整菜品的价格以吸引顾客消费,扩大产品销售量。菜单与宴席设计是否科学合理,关键看顾客是否认可。所以,管理者一方面要根据菜单与宴席设计的要求来检查工作,提出工作要求,以保证良好的服务和必要的生产利润;另一方面要随时发现问题、解决问题,如更换菜单中的品种,改进服务和生产方法,提高烹调技术水平和服务质量,改善促销方法和定价策略等。所以,管理者可通过菜单与宴席设计来加强对餐饮的管理。

(五)员工工作的重要文件

菜单与宴席设计的内容和风格,对餐饮经营活动有着很大的影响,不同的菜单设计所需要的设备设施、员工工作配备、原料的采购及厨房和餐厅的布局等均不一样。如江苏菜与广东菜在风格上有很大差别,无论是厨房设备的配备、烹调的风格,还是服务的程序都不一样。再如烧烤菜单与火锅菜单的设计,其所用的设备设施、菜肴烹调要求、服务方法等方面差异就更大了:菜单设计有烧烤菜肴,厨房在配备设备时必须有烤箱、烤炉等设备,成品要求现烤现吃,服务中经常以由服务员配餐为主;而火锅菜单的设计,主要配有各种已加工成形的食品原料,火锅多设置在餐桌上,厨房配备的设备以加工切配设施为主,无须烤箱、烤炉,服务员将顾客点的烹调原料送上餐桌后,以由顾客自烹自食为主。还有各种风味宴席和零点菜单的设计,要求也都不一样。所以,餐厅全体员工都要围绕菜单设计的风格和内容去分工,选购设备设施,配备挑选厨师和服务员,采购所需的食品原料,确定厨房的布局和餐厅的装潢风格,搞好餐饮的经营管理和成本核算等。

第三节　菜单与宴席的分类与命名

一、菜单与宴席的分类

将菜单与宴席按一定标准从不同的角度加以分类,对于我们系统地了解各种菜单的特点、内容和要求,加深对菜单与宴席设计基础知识的理解,掌握菜单设计中的规律有着十分重要的意义。

菜单分类的方法很多,大致可根据经营的方式、时间、餐别、用途等来进行分类。

(一)根据经营的方式来划分

可分为零点菜单、套菜菜单、宴席菜单三大类。

1. 零点菜单

又称点菜菜单,使用较为广泛,图文并茂。中式零点菜单一般以冷菜、热菜、大菜、点心、汤类等来划分,也有根据原料的种类来划分为山珍海味类、水产类、禽蛋类、畜肉类、蔬菜类、其他类等。每一道菜都按大、中、小分量标明价格和数量,有的还印上彩照。其特点是菜品口味多样,价格、档次多种,能适应不同层次客人的需求。客人可根据自己的喜好和经济情况来选择菜肴。零点菜单还经常备有时令菜单、招牌菜单、特选菜单等供客人选择菜肴。

2. 套菜菜单

套菜菜单种类很多,有双人套菜、三人套菜、四人套菜、多人套菜、团体套菜、会议套菜等。套菜菜单多为经济型,一般根据人数的多少和价格高低,规定有冷菜、热炒、大菜、点心、汤等菜肴,菜肴数量一般在5~15品不等,菜肴制作不宜过精细,尤其是一些旅游团队套菜和会议套菜,因为人数多,菜肴需要大批量地烹调,上菜的速度要快,要在较短的时间内,完成上菜和服务的工作。团队套菜和会议套菜还要求在饭店就餐期间每日每餐的菜肴不宜雷同,必须准备多套菜单来满足客人的饮食需求。一般性的套菜菜单,也应根据人数的多少、价格的高低,设计多套不同规格、价格的菜单,供客人选择。

3. 宴席菜单

宴席菜单是为某种社交活动而设计的多人聚餐、具有一定规格质量、由一整套菜品组成的菜单。菜肴要求制作精细、外形美观、搭配合理、层次分明、重点突出。菜品往往用水果、食品雕刻来装饰点缀,起到锦上添花的作用。宴席按不同角度来划分,主要有如下几种类型:

(1)按宴席菜肴的组成划分,可分中式宴席、中西结合宴席等。

(2)按宴席规模划分,可分大型宴席、中型宴席、小型宴席。

（3）按宴席价格等级划分,可分高档宴席、中档宴席、普通宴席等。

（4）按宴席的形式划分,可分国宴、便宴、家宴、冷餐酒会、鸡尾酒会、招待会等。

（5）按宴席举办目的划分,可分为婚宴、寿宴、迎送宴、纪念宴等。

（6）按宴席主要用料或烹制原料划分,可分为全羊宴、全鱼宴、全鸭宴、全素宴;山珍席、水产席、全禽席、全畜席等。

（7）按宴席头菜原料划分,可分燕窝席、海参席、鱼翅席等。

（8）按宴席历史渊源划分,可分仿唐宴、孔府宴、红楼宴、满汉全席、随园宴等。

（9）按宴席地方风味划分,可分川菜席、粤菜席、苏菜席、鲁菜席等。

（二）根据菜单使用时间的长短来划分

可分为固定性菜单、变动性菜单、周期性菜单三大类。

1. 固定性菜单

固定性菜单是相对于变动性菜单而言的。这种菜单常用于顾客流动性较大的饭店,或是将饭店所创的传统性名菜、名点作为招牌菜列入菜单中。由于菜肴品种相对固定,在原料的采购、菜肴的制作、产品质量及成本控制等方面容易按标准化、规范化、程序化进行操作,并且便于管理和检查,容易形成品牌效应。其缺点是由于菜肴的变化不大,不易吸引老顾客经常来饭店消费,而且菜品价格不能随原料价格的变化而相应变化。为了解决这一问题,饭店往往增加一些特色菜、特选菜、时令菜等的插页插在固定菜单中,以弥补固定菜单的不足,吸引回头客,满足客人在就餐中求新、求变、求特的饮食需求。

2. 变动性菜单

变动性菜单是根据烹饪原料的供应情况、价格变化、厨师的技术水平及客源多少等因素来设计的菜单,具有使用时间短,变化快,品种新,创新菜、时令菜多的特点,容易吸引顾客消费。如时令菜单,名师、大师、厨师长特选菜单等均属于变动性菜单。变动性菜单的特点是变动快,有时几乎每天、每餐都有变动。所以,要做到标准化、规范化操作,需要烹饪工作者及时掌握好每个菜肴的操作要领,这样才能保证菜肴在色、香、味、形等方面达到设计的要求。

3. 周期性菜单

周期性菜单又称循环性菜单,它介于固定性菜单与变动性菜单两者之间,常用于会议、团队及宴席等用餐形式。因为会议、团队在餐厅就餐时间一般在3~5天,多者10天左右。所以可根据就餐者在饭店住的天数设计出十几套不同菜单,每天轮换使用,做到每天每餐菜单不一样。待一批客人离开饭店,第二批客人再来饭店用餐仍旧用这些菜单。再如宴席菜单,也可根据季节、档次或价格来设计周期性菜单,每一档次预先设计5~10套,供顾客挑选。这样,可避免每天花很多时间设计菜单,同时也有利于原料的采购、菜肴的制作、成本的控制、菜肴质量的控制。对一些机关、学校、公司均可采用周期性菜单。

（三）根据餐别来划分

可分为早餐菜单，午、晚餐菜单，夜宵菜单。

1. 早餐菜单

中式早餐菜单一般分为零点、桌餐和自助餐三大类。就餐形式不一样，早餐菜单设计不一样。如零点早餐根据菜单内容和个人喜好点菜吃饭；桌餐一般由菜单设计者根据用餐的标准按10人一桌，设计一些主食和菜点共同用餐；自助餐一般设计很多主食及菜点，供客人自由挑选。无论是哪一种就餐形式，早餐菜单品种主要有粥类、点心类、小菜类、饮料类等。由于人们早餐用餐的时间短，所以早餐菜单的设计要求菜肴制作比较简单，菜品要清淡少油，上菜速度要快，保持一定的温度。

2. 午、晚餐菜单

午、晚餐菜单基本相似，由于各餐厅档次、规模、原料的供应情况及经营的菜系类别不一样，其菜肴有很大的差别，但其内容组成基本相似。有的按烹调原料来设计，如海鲜类、禽蛋类、畜肉类等；有的按菜肴类别来设计，如冷菜类、热炒类、大菜类、素菜类、汤类、点心类等。午、晚餐在中国传统的饮食观念中属于正餐，在设计中必须根据本餐厅的风格、档次和客人的饮食喜好设计不同层次、风格、价格的菜肴供客人挑选。

3. 夜宵菜单

夜宵菜单是指主要针对晚上约22：00到次日2：00需用餐的客人而设计的菜单。菜单的内容一般由冷菜、风味小吃、面食、乡土菜等组成，要求每份菜肴分量不宜过多，价廉物美，易于消化。

（四）根据用途来划分

一般可分儿童菜单、房内用餐菜单、营养保健菜单、自助餐菜单、风味菜单等。

1. 儿童菜单

儿童菜单是根据儿童的年龄特点、兴趣爱好、营养要求等因素来设计的菜单。一般的儿童菜单要求图文并茂，以童话故事的图画等作为菜单封面，菜单文字应配上汉语拼音，并辅以图片，便于儿童自行点菜。确定儿童菜单的菜名和品种要考虑儿童的心理承受力，如在菜肴的造型上不要过于夸张、刺激，在菜肴的口味上不要太酸太辣，应略带甜味。菜肴的分量与大人菜单相比要减半，使菜肴不被浪费；在价格上也应减半，使儿童和家人感到经济实惠。在菜肴的营养保健上要推出"天然食品""营养食品""促进生长的食品"等，使儿童和家人吃得放心，吃得开心。

2. 房内用餐菜单

房内用餐菜单是对住店客人提供的一种餐饮服务项目，主要针对那些因某种原因不能、不便或不愿去餐厅就餐，或在开餐时间以外要求用餐的客人提供服务。房内用餐菜单的设计，要求其菜肴的原料要新鲜，烹调工艺不要太复杂，原料应去骨去壳,汤汁不宜太多,便于客人食用和服务人员服务,菜肴在配送时必须配有保温容器和保温车,以保证菜肴的质量和风味。

3. 营养保健菜单

营养保健菜单是主要针对一些特殊人群或患有某种疾病的人群而设计的菜单,要求应针对不同人群的不同要求设计出不同的菜单,如对糖尿病患者不宜设计含糖量多的菜肴,如糖醋鱼、冰糖银耳、拔丝苹果等;对甲亢患者不宜设计含碘多的菜肴,如海带汤、紫菜卷等;对肥胖症患者不宜安排太多的高糖、高脂肪的菜肴,如冰糖扒蹄、桂花糖芋艿等。对那些注重营养平衡和保健的客人,每餐的菜肴更要精心设计,准确计算每道菜的热量,做到荤素搭配、粗细搭配、营养搭配,合乎人体所需,使客人吃得营养、吃得健康、吃得舒心。

4. 自助餐菜单

自助餐菜单一般是指以人包价的销售用餐方式,餐厅根据用餐的标准、档次、价格和人数,把所有的菜单展示在餐桌上,由客人自主选择各种菜点和水果等。

自助餐菜单的设计要求菜肴宜大批量生产,放置时间稍长且保证质量,设计的热菜具有能放置在加热保温的盛器中而不易损失菜肴的色、香、味、形等固有的特点。自助餐菜单有中餐自助餐菜单、西餐自助餐菜单、中西结合自助餐菜单。其内容有冷菜类、热菜类、点心类、主食类、甜菜类、水果类及其他类等。

5. 风味餐馆菜单

风味餐馆菜单必须突出某种风味特色,其内容以选用某一类菜肴或以某一种烹调方法烹饪的菜品为中心,再搭配一些辅助菜品,如烧鸭馆、羊肉馆、海鲜馆、川菜馆等。这类菜单设计一要突出菜肴风格,二要突出餐馆的装饰特点,三要突出独特的服务方式,才能使菜单设计达到理想的效果。

总之,菜单的分类是多种多样的,我们可从不同角度、不同层次用不同的方法去分类、探讨。

二、菜单与宴席的命名

菜单与宴席的命名,从古到今,主题繁多,内容广泛,风格迥异,各有专名。现将菜单与宴席的命名做简要的归纳。

(一)以某一类原料为主题命名

以某一原料或某一类原料为主题命名菜单,主要突出原料的风格特色和时令特点,满足人们物以鲜为贵和物以稀为珍的饮食心理。如时令刀鱼菜单、桂花全鸭菜单、羊肉美食菜单、海参菜单、菌菇美食套餐菜单等。

(二)以节日为主题命名

随着人民生活水平的提高,人们对节假日更加重视。各饭店以国内外各种节日及法定的假期作为餐饮营销的一个卖点,抓住时机,大做文章,精心设计,科学命名各种菜单。

如春节是我国的传统节日,从除夕至正月十五能设计出各式风格多样、主题新颖的宴席或套餐。如"恭喜发财宴""全家团聚宴""元宵花灯宴"等,还有"吉祥如意套餐""元宵欢腾套餐""除夕迎新年套餐"等。再如中秋节,可设计"中秋赏月宴""丹桂飘香宴"等,圣诞节可设计"圣诞狂欢夜套餐""圣诞平安夜套餐"等,五一国际劳动节、国庆节可设计出"旅游休闲套餐""金秋美食套餐""欢度国庆宴"等菜单。

(三)以菜系、地方风味为主题命名

此类菜单最为常见,如江苏风味宴、四川风味宴、粤菜风味宴、鲁菜风味宴,还有藏族风味菜单、维吾尔族风味菜单等。

(四)以名人、仿制古代菜点为主题命名

中国烹调之所以历史悠久、誉满世界,与历史上许多名人、名著、名厨有很大关系。我们可根据本地区、本饭店的经营特点和技术力量,在继承和发展中国烹调技术的基础上,不断挖掘研究古代菜点,推出以名人、名厨等命名的菜点与宴席。如"东坡宴""谭家宴""孔府家宴""乾隆御膳宴""红楼宴""随园食单宴""满汉全席"等菜单。

(五)以某一技法和食品功能特色为主题命名

当今,以某一种烹调操作技法或某一类食品的营养功能为特色的菜单大为流行。如以烹调操作技法主题命名的"铁板系列""砂锅系列""火锅系列""烧烤系列"等。还有以食品功能特色为主题命名的菜单,如"美容健身席""延年益寿席""潇洒风范席""滋阴养颜席"等,深受百姓欢迎。

(六)以喜庆、寿辰、纪念、迎送为主题命名

无论是政府机关、公司、企事业单位,还是民间,以喜庆、纪念、迎送等为主题命名的菜单很多:

(1)以喜庆为主题的,如婚宴菜单中"珠联璧合宴""百年好合宴""龙凤呈祥宴""金玉良缘宴""永结同心宴"等。再如重大节日和事件的菜单有"国庆招待宴""庆祝香港回归宴""庆祝工程落成宴""祝捷庆功宴""乔迁之喜宴"等。

(2)以生日寿辰为主题的,如"满月喜庆席""周岁快乐席""十岁千金席""二十成才席""松鹤延年席""百岁寿星席"等。

(3)以纪念为主题的,如"纪念×××一百周年宴诞辰""纪念开业二十周年宴"等。

(4)以迎送为主题的,如"欢迎×××国家总统访华宴""归国华侨欢迎宴""欢送外国专家回国宴"等。

(七)以地方特色菜点为主题命名

我国地域广阔,物产丰富,因气候、生活习惯的不同,各地都有丰富的乡土菜、

地方特色菜、家常菜等。这些价廉物美的菜肴深受广大民众、工薪阶层的欢迎,我们可根据这些主题来命名菜单,如"夫子庙小吃菜单""江南水乡菜单""岭南秋色菜单""绍兴风味菜单""山城土菜菜单"等。

(八)以创新菜点为主题命名

菜点创新是餐饮业永恒的主题。可用各种创新菜肴为主题来命名菜单,如"古菜翻新菜单""菜点合一菜单""中西合璧菜单""以素仿荤菜单"等。

我们在命名菜单与宴席时,不仅要突出主题,力求菜单和菜名名副其实,足以体现其特色,而且还要体现文化内涵,做到雅致得体、朴素大方,不可牵强附会、滥用辞藻,更不能庸俗下流。

本章小结

本章较全面地阐述了我国菜单与宴席设计的起源与发展,分析了菜单与宴席设计的主要特点和作用,对菜单与宴席的分类与命名方法也作了较详细的表述,加深了读者对菜单与宴席设计基础知识的理解,有助于读者在菜单与宴席设计中掌握一定的规律和方法。

【思考与练习】

一、职业能力应知题

1. 什么叫菜单与宴席设计?
2. 试述我国菜单与宴席设计的起源与发展。
3. 菜单与宴席设计的特点有哪些? 并举例说明。
4. 菜单与宴席设计对餐饮业有哪些作用?

二、职业能力应用题

1. 试述菜单与宴席分类方法有几种? 并举例说明。
2. 按不同的方法对宴席菜单加以分类,最少不得少于5种类型。
3. 简述零点菜单与套菜菜单有何区别。
4. 分述菜单与宴席命名方法有几种? 并举例说明。
5. 收集不同的菜单10种,并分类说明。

第2章
菜单与宴席的设计原则与要求

学习目标

- 掌握菜单与宴席设计中的原则
- 理解菜单与宴席设计中的具体要求
- 全面掌握菜单与宴席设计的程序和方法

菜单与宴席设计是一项知识性、艺术性和技术性很强的工作,不但内容广泛,而且要求很高。所以,必须以客人的需求为中心,根据菜单的特点、规格、标准、饮食对象、厨房的设备条件、技术力量、原料的供求情况和成本费用等因素,精心设计,不断研究,在总结经验的基础上,掌握好设计原则、要求和程序等。

第一节 菜单与宴席的设计原则

一、以客人需求为中心

无论是星级饭店,还是各种有特色的风味餐馆,在设计菜单时必须要明确目标市场,了解客人的饮食习惯,掌握客人的消费心理,制定出特定宾客群所需的菜单,以满足客人的饮食要求。

每家饭店在特定的市场区域中,因所处位置、装潢档次、规模大小、经营风格及技术力量不同,其所服务的对象也不一样。有的专门服务于各种会议、婚宴、旅游团队等客人,有的专门服务于商务客人、零散客人,有的以接待外国人为主,有的以接待中国人为主,有的专门接待高档次、高消费人群,有的专门接待一般档次、中低消费人群等。无论服务于何种客人,都必须以客人需求来设计菜品。

首先,要了解客人的国籍、年龄、性别、职业、生活习惯、饮食喜好、宗教信仰及禁忌等。例如,印度教徒不吃牛肉;伊斯兰教徒不吃猪肉;佛教僧侣不吃荤菜。非洲人喜食牛肉、羊肉、鸡肉,口味微辣,喜爱菜肴上带浓汁,蘸食吃等,忌食猪肉、海鲜及各种动物内脏,不吃奇形怪状的食物;欧美人喜食鱼虾等水产品、家禽、猪肉、牛肉和各种新鲜蔬菜,喜食咸中带甜的食物,口味清淡,不爱吃肥肉,忌讳各种动物内脏等;亚洲人因宗教信仰、地理环境的不同,饮食习惯也有很大的差异:如日本人爱吃牛肉、海鲜、猪肉、蔬菜等,但他们不喜欢吃肥肉、猪内脏和羊肉;泰国人喜食鱼和蔬菜,特别喜食辣椒,不爱吃红烧的菜肴,也不放糖,忌食牛肉等。总之,菜单与宴席设计必须根据客人需求的变化而不断变化,要不断搜集客人的饮食"情报",建立客户饮食档案。通过整理、统计和分析,总结出不同客人的饮食需求,有针对性地设计好每一份菜单。

二、以经营特色为重点

菜单与宴席设计应根据饭店的地点、规模、档次、设备设施、技术力量、服务等因素来设计,具体来说,应依据如下几方面经营特色来设计:

(一)依据菜肴风味特色设计菜单

(1)以单一菜系为主的风味特色菜单设计。在一个地区或商业圈内,饭店要以经营某一菜系或地方风味作为自己的经营特色,就应在设计菜单中突出这一菜系或地方风味的特点和风格,一些地方的名菜、名点及风味菜肴均要在菜单中显现,使客人感到菜肴制作别具一格,有消费欲望。

(2)以多种菜系为主的风味特色菜单设计。有的饭店往往以经营多种菜系来吸引和满足不同顾客的需求,所以在设计菜单时应根据各菜系的特点设计,如江苏菜系、广东菜系、四川菜系、山东菜系等。不同的菜系菜肴有不同的特点,设计中要突出各菜系的优点,一些有影响的名菜、名点均要列入菜单中,做到人无我有、人有我优,使顾客能感受到各菜系的风味差异,有挑选菜肴的空间。

(二)依据菜肴的档次高低设计菜单

(1)以大众化菜肴为主设计菜单。大众化菜肴主要是指那些价廉物美,人们喜欢食用的菜肴。这类菜肴用料比较普通,制作相对简单,价格比较经济实惠,所以在设计菜单时,既要控制成本又要考虑菜肴的风味。可以把一些"乡土菜""家常菜"挖掘出来,运用现代的烹调设备、制作工艺及各种调味品,制作出美味可口的菜肴,满足大众的饮食需求。

(2)以中、高档菜肴为主设计菜单。中、高档菜肴是与大众化菜肴相对而言的。中、高档菜肴一般在用料上比较讲究,主要以鱼翅、海参、鲍鱼及一些价格较高的水产、山珍海味为原料。在制作方法上,工艺比较精细,技术难度较大,在装盘艺术上也比较讲究,往往用一些高档餐具装盘,还用水果雕品点缀菜肴,价格也相对高一些。这类菜肴主要用于满足一些高消费人群的饮食需求。

（三）依据餐饮经营的类别设计菜单

（1）以经营团队、会议、宴席为特色的菜单设计。因饭店规模及餐厅功能的不同，餐饮经营的目标市场也不一样。如有些餐厅面积很大、餐位很多，像这类餐厅适合接待旅游团队、各种会议、婚宴等。所以在设计菜单时要根据就餐者的消费标准、人数及住店的天数等因素，设计出相应的标准菜单。如会议餐、团队餐要求菜肴数量多而不浪费，做到每顿菜肴品种不一样，菜名不同、原料不同、口味不同、烹调方法不同等，出菜速度快而有序。宴席菜单的设计要讲究隆重、热烈、华贵、典雅，通过菜品的艺术组合，给赴宴宾客留下甜蜜而难忘的回忆。

（2）以经营散客、食街为特色的菜单设计。散客、食街的餐厅菜单设计要突出地方风味和经营特色，如地方风味、地方小吃、火锅店、烧烤馆等。这种菜单内容较多，原料有山珍海味类、禽类、畜类、水产类、蔬菜类等；在类别上有冷菜、热菜、汤类、点心类、甜品类等；在价格上高、中、低等各个档次，要合理搭配，突出菜肴的特色、卖点和亮点。

总之，菜单是否突出餐厅的经营特色，要看有没有几道"特色菜""拿手菜""看家菜"来吸引顾客，要用特色经营把"头回顾客"吸引为回头客。只有不断推陈出新，体现自己的特色，才能给顾客以新感受，留下深刻的印象。

三、以客观因素为依据

菜单与宴席设计应考虑当时的原料供应情况、厨房中的设施设备、厨师的技术力量等几方面因素，做到菜肴品种多而有序，操作科学合理、忙而不乱，整体和谐统一。菜单设计要依据客观条件认真分析。

（一）要根据原料的供应情况来设计

食品原料是菜单设计之本，如不熟悉原料的供应情况，即使设计出再好的菜单也无异于空中楼阁，无法实施。所以，我们必须了解市场货源供应情况，根据季节的变化，选用时令原料及时充实到菜单中去。尽管目前交通运输较发达，保鲜方法科学先进，有些原料打破了季节性和地方性的限制，常年均有供应，但俗语讲"物以鲜为贵"，正当上市的原料，不仅质量好，而且给人一种新鲜感，尤其是蔬菜、水产品等。

另外，还要掌握饭店原料库房的库存、各种原料的价格及原料的拆卸率和涨发率等情况，保证菜单上的菜肴货源充足、品质优良、价格合理。

（二）要根据设备设施条件来设计

厨房中的设备设施的好坏、数量的多少直接关系到菜肴制作的速度和质量，关系到菜单设计的实施效果。例如，厨房中的烤箱只有一个，但菜单中安排过多烤制的菜肴,像"烤乳猪""烤鸭""烤鱼""烤鸡"等,如果没有配备足够的设备很难达到制作要求。另外,菜单中各类菜式和烹调的种类、数量比例必须合理,应依据厨房设备设施的条件安排菜单,做到各种设备设施得到充分的利用,避免有的设备设施使用过度,有的设备又被闲置,否则,在营业高峰时难免影响出菜的速度和质量。

（三）要根据员工的技术力量来设计

在设计菜单时,必须要了解员工的技术水平,如现有的厨师只能烹制广东菜,但菜单中设置很多其他菜系的菜,其结果是可想而知的。再如,厨房厨师的人数较少,而设计的菜单中有些菜肴制作难度较大,工艺复杂,费工费时,造成任务无法完成,难以满足顾客的要求。所以在菜单设计中必须深入了解餐饮部的一些客观因素。既要了解厨房的设备设施、餐厅的面积及各种餐厅的装潢风格,还要掌握厨师的技术水平和服务员的服务水平。只有使菜单设计与餐饮部设备设施、员工的技术力量和水平之间的关系互相协调,菜单设计才更会为科学合理。

四、以尽善尽美为目标

菜单与宴席设计是不是科学合理,还要从菜单设计的整体风格、营养成分的搭配、成本控制的方法及菜单推陈出新的频率等方面来评价。

（一）菜单的风格必须与餐厅整体风格相一致

一份理想的菜单不仅外表印刷精美,而且其形式、色彩、字体、版面等方面也要既有艺术性,又构思巧妙、内涵深刻,使顾客阅读后留下深刻的印象。更重要的是菜单内容的组合必须适合餐厅的整体风格,如与餐厅的装潢风格、设施风格、餐厅桌椅风格、经营风格及菜肴风格等协调一致。如在一个西式餐厅里设计一份"乡土菜肴"的菜单,在实施中会显得不伦不类,很难给餐厅整体设计起到画龙点睛的作用。

（二）菜肴的营养成分必须搭配合理

在菜单设计中必须考虑人体营养均衡这一问题。随着人民生活水平的不断提高,人们的饮食需求已逐渐从吃得饱转向吃得好、吃得健康、吃得科学等方面发展,因此,在菜单设计中并不是安排很多山珍海味、大鱼大肉,就意味着菜肴高档、科学。而是要针对顾客的年龄、身体状况、每天各种营养素的摄入需求,安排适量的含有脂肪、蛋白质、糖类、维生素、纤维素等营养成分的菜肴,做到荤素搭配、粗细搭配、各种营养搭配合理,才能有利于人体的健康长寿。

（三）菜肴的成本核算必须确保可获得利润

在设计菜肴售价时,对每一个菜的主料、辅料、调料的数量、成本、售价、毛利和利润率都要了如指掌。为了促进销售,提高竞争力,在设计菜肴价格时,有的菜肴实行高成本高销售或低成本高销售的策略,有的菜肴实行高成本低销售或低成本低销售的策略,还有的菜肴实行以需求定价和随行就市的定价策略。无论采取何种销售策略,一条最根本的原则是总体毛利率必须达到预定的目标,要不断分析每一个菜肴的盈利情况、畅销程度,并根据原料的售价变化和市场竞争态势及时调整菜肴的销售价格,确保饭店的利润率。

(四)菜单设计必须不断改革创新

饮食需求是永无止境的,菜单设计不能墨守成规,而要改革创新,要根据每个餐厅的风格特点、季节变化、顾客饮食需求的变化等方面的因素,不断地推出新原料、新品种、新菜肴。要尽量做到传统菜做到位,创新菜做出名,看家菜做规范,时令菜做及时,地方菜做特色,引进菜做成样。使客人感到菜肴天天有变化、有创意、有新鲜感,餐厅经营才有生命力。

第 二 节　菜 单 与 宴 席 的 设 计 要 求

一、原料选用的多样性

宴席设计非常讲究食品原料选择多样性。因为不同的原料有不同的味道,它不仅是菜肴风味多样的基础,而且是提供给人类多种营养素的主要来源。如果设计的菜肴原料品种较少,菜单就显得十分单调。一份菜单中如有山珍海味、鸡鸭鱼肉、蔬菜、豆制品、加工制品、水果等菜品,才能体现出原料的丰富多彩。同时,我们还要注重选用时令性原料,不同季节、不同地区,即使同样的原料其品质也不一样。因为原料都有生长期、成熟期和衰老期,只有成熟期上市的原料才多汁鲜美、质地细嫩、营养丰富,带有自然的新鲜。俗语道:"菜花甲鱼菊花蟹,刀鱼过后鲥鱼来,春笋蚕豆荷花藕,八月桂花煮芋头。"这些被称为四时之序,意为过了一定的季节就失去了一定的滋味。如长江刀鱼每年过了清明节,骨头就变硬,肉质就没有那么鲜美;油菜花盛开时,甲鱼最肥美;菊花盛开时,螃蟹最肥壮;荷花盛开时,藕最鲜嫩等。这充分说明不同季节都有不同的时令原料,但不同的地区所生长的原料其品质都有很大的差别,只要我们掌握了这些规律,选用时令原料来设计菜肴,其菜肴的质量就会大大提高。我们还要注重引进外国原料充实到菜单中,如美国的深海鱼类、澳大利亚的袋鼠肉、泰国的鳄鱼肉、各种西式蔬菜等。只要我们注重选用原料多样化,就会给人有物鲜为珍、物稀为奇的新鲜感。

二、烹调方法的多种性

在宴席设计中要讲究菜肴烹调方法的变化,因为采用不同的烹调方法,可以形成不同风味的菜肴。如果一份菜单中只采用一两种烹调方法,尽管所用的原料不同,其口感也大同小异,显得单一、平淡、枯燥,甚至使人厌食。因此在设计宴席时,应根据顾客的需求,利用各种原料的特性,采取多种烹调方法,如炒、烩、蒸、烧、烤、炸、汆、拌、卤等,使菜单中所有的菜肴做法不重复、不枯燥、不呆板、不僵化,使顾客真正得到实惠,享受美食的乐趣。

三、调和滋味的起伏性

味是菜肴的灵魂,任何一道菜肴都应具有其独特的风味。我们在设计菜单中,无论是零点菜单、套餐菜单,还是宴席菜单,都要考虑菜肴味的变换和味的起伏。假如一套菜单或一桌宴席,菜肴只有一两种味型,必然无法满足众多顾客的口味需求,自然就会减小很多顾客来餐厅消费的可能性。所以,我们要根据本地区、本企业顾客群的饮食习惯,不断地研究探讨各种菜肴的味型,要引进、利用国内外新型的调味品,经过科学地调配设计出多种味型,如酸甜味、麻辣味、酸辣味、咸鲜味、咸辣味、鲜香味、苦辣味等各种复合味,使菜肴口味有起伏、有变化,顾客食后感到"五滋六味,回味无穷"。

四、菜肴色彩的协调性

菜肴色彩搭配的合理与否,最能影响顾客的食欲。我们在设计各种菜肴时要尽可能利用原料的自然色彩和加热调味后的颜色,外加一些点缀的色彩和器皿颜色等进行精心设计、合理搭配,使菜肴的颜色更加绚丽多彩,让人赏心悦目。所以,在设计每一份菜单时既要考虑菜肴整体颜色搭配的协调性、合理性,还要考虑每一道菜的颜色是否鲜艳,充分利用配料、调料、器皿去衬托主料,使其色彩具有独特的风格。

1. 要尽量利用食品原料的自然色彩

要通过合理的烹调和组合,最大限度地显示出菜肴的自然美。烹调原料有赤、橙、黄、绿、青、蓝、紫等多种色彩,通过加热调味,还会使菜肴的颜色更加丰富多彩。但不能为了增加菜肴的颜色,有意将一些食用色素超标准地使用到菜肴中。

2. 要尽量注意菜肴的食用价值

在菜单设计中,我们不能一味地追求菜肴色彩的漂亮,而采用一些不能食用或口感较差的生的原料或一些工艺制品来点缀菜肴,造成菜肴生熟不分、主次不明、华而不实,影响菜肴的食用价值,甚至造成食物中毒。

3. 要尽量考虑整体的色彩搭配

在菜单设计中,每一个菜的主料与配料、菜肴与盛器、菜肴与菜肴之间的色彩搭配要科学合理,不能几个菜都是一样的颜色。要做到整桌菜肴的颜色搭配巧妙、层次分明、鲜艳悦目、五颜六色,从而不但能增加宾客的食欲,而且给人一种美的享受。

五、菜肴形状的丰富性

在菜肴设计中,要注重每个菜的形状变化,因为形状多变,不仅赏心悦目,而且还可以给宾客以艺术的享受。我们应根据不同性质、不同档次、不同民族、不同地区的风土人情及饮食习惯,根据菜肴形状的变化来设计菜单。

1. 要注重原料的形状变化

在设计每一份菜单时,应尽量做到每一个菜的形状都不一样,有条、块、丝、丁、段、片等,还有经过刀工处理的象形的形态,如菊花形、玉米形、荔枝形、核桃形、麻花形、松鼠形、飞燕形等。

2. 要注重装盘的造型变化

装盘的造型艺术是多种多样的,无论是冷菜还是热菜或点心,只要精心设计,就可以组合成各种形态的菜肴,动物性的如"孔雀开屏""凤凰展翅""百鸟朝凤"等,植物性的如"百花齐放""万年长青""荷塘蛙鸣"等,几何形的如四方形、长方形、菱形、三角形等,还有实物形的如花瓶形、花篮形、葫芦形、琵琶形等。这些形状的变化有动感的,也有静感的,给人一种栩栩如生的感觉,起到美化菜肴、烘托气氛、增进食欲的作用,从而使人们在品尝美味佳肴的同时得到一种艺术的享受。

3. 要注重盛器的形状变化

盛器的形状和品质千差万别,利用好这些盛器,将对菜肴的形状变换起重要的辅助作用。如从盛器品质来讲,有陶瓷制品、玻璃制品、金属制品、塑料制品、木制品及食物制品等;从盛器造型来讲,有盘、碗、碟、盅、杯、钵、锅及各种象形的器皿。所以,只要根据菜肴的性质和特点,合理选用、组配不同品质和形状的盛器,就会对菜肴起到锦上添花的作用。

六、菜肴质感的差异性

菜肴质感的好坏直接关系宾客的食欲和身体健康。一份好的菜单不但要考虑菜肴的色、香、味、形俱佳,而且还要兼顾菜肴质感的丰富多彩。因此,在设计菜单时,要根据饮食的对象和季节,采取不同的烹调方法,使菜肴的质感能满足宾客的需求。为此,应抓住两方面内容:一是在菜单设计中尽量考虑每一个菜的质感,有软、硬、嫩、酥、脆、肥、糯、爽、滑等多种特点,应当让宾客享受到多种质感,满足其生理上的需求;二是按照饮食的对象来设计菜肴的质感,如儿童喜食酥脆的菜肴,老年人喜食酥烂、松软、滑嫩的菜肴,青年人体质好、活动量大,喜食硬、酥、肥、糯的菜肴。但由于各人的饮食习惯不一样,对菜肴质地的偏爱也不尽相同,所以在设计菜单时,应尽量了解每个客人的饮食爱好,有针对性地设计菜肴的质地。

七、菜肴品种的比例性

设计零点菜单、团体套餐或是宴席菜单时,必须要掌握各种菜肴的比例关系。一般菜单的菜品组合有冷菜、热炒、大菜、点心、汤类、甜品等。但由于餐厅的规模、各地区的风俗习惯、饮食习惯不同,菜单中菜肴品种数量有很大的差异。

1. 零点菜单中菜肴品种的比例

相对来说,零点菜单中菜肴的品种数量要比宴席菜单、团体套餐的品种数量多很多,一般的零点菜单中菜肴分冷菜、热炒、大菜、蔬菜、点心、汤类、甜品、水果等几大类,菜肴的数量总计约 100~200 种不等,以便宾客有自由挑选的余地。各类菜品的数量所占的比例不一样,一般冷菜类、热炒类、大菜类设计的数量要比其他菜品类别多一些,主要用来满足宾客的饮食需求。

2. 团体套餐菜肴品种的比例

团体套餐菜肴主要根据用餐的标准和档次来确定菜品的数量和种类。一般团体套餐的人均消费水平不太高,以吃饱为目的,也有一些团体套餐用一些酒水。所以在安排菜品时,一般安排冷菜约 6~10 个不等,荤素搭配比例 3∶2 或 1∶1 左右;热菜安排约 5~10 个,荤素搭配比例 3∶1 或 5∶2 左右;点心一般安排 2~4 道。

3. 宴席菜肴品种的比例

宴席菜肴因菜系的不同,各地区的饮食习惯、风土人情的不同,加上宴席的档次、价格的不同,品种的搭配比例有很大差别。中餐宴席菜品通常包括冷菜、热菜(炒菜、大菜、素菜、汤羹)、点心、甜品、水果等。

冷菜类:冷菜有的可用什锦拼盘或 4~8 个双拼或单拼,也有的采用一个艺术拼盘(称主盘)再围上 4~10 个围碟。

热炒类:热炒一般控制在 1~4 个不等,主要采用炒、爆、熘、炸等烹调方法制成,要求菜肴滑嫩爽脆,芡汁少而浓厚,便于饮酒食用。

大菜类:大菜一般控制在 4~8 个菜不等,主要采用烧、烩、炸、熘、烤、炖、焖等烹调方法制成,菜肴以整只、整条、整块等原料为主,盛器相对要大而精制。

素菜类:蔬菜一般控制在 1~4 个不等,主要采用炒、烩、扒等烹调方法制成,原料以绿叶蔬菜、豆制品及各种根茎类蔬菜等制成。

汤羹类:汤羹类一般控制在 1~2 个。汤羹通常在素菜后上桌,但现在常根据饮食的对象采取中菜西吃的方法,冷菜上菜后第一道热菜就先上汤或羹类,有的第一道热菜先上羹菜类,汤待素菜上完后再上桌。

点心类:点心一般控制在 2~6 道。通常由面粉、杂粮等原料制成,采用的烹调方法有蒸、烤、烘、烙、煎、炸等。根据宴席档次的高低,点心馅有八珍、蟹黄、肉类、蔬菜等品种,形态也是多种多样。

甜点类:甜点一般控制在1~2道。甜点往往采用蜜汁、拔丝、挂霜、冷冻等烹调方法制作而成,多数在最后上席。

水果类:水果一般将多种水果经过刀工处理拼成一定的形状,通常在宴席快结束之前上桌(有的地方水果类在开宴前上桌食用),主要增加饮食者维生素的摄取量,同时还起到帮助消化的作用。

八、菜肴组合的科学性

菜单的设计要从宾客的需求出发,因地区、职业、年龄、性别、身体状况、消费水平等方面的不同而有差异。清代文人袁枚在《随园食单》一书中就宴席菜的组合有论述:"上菜之法:咸者宜先,淡者宜后;浓者宜先,薄者宜后;无汤者宜先,有汤者宜后。且天下原有五味,不可以咸之一味概之。度客食饱,则脾困矣,须用辛辣以振动之。"这些基本法则在当今宴席设计中依然有一定的参考价值。所以我们必须要认真研究每一份菜单的共性和规律,要根据不同的菜单,在荤素搭配、菜肴结构等方面做好如下组合:

1. 荤素搭配要适当

无论什么菜单,其菜点都要注重荤素搭配,因为动物性原料含有很高的脂肪、蛋白质,而植物性原料含有很多维生素、矿物质及粗纤维等营养成分,如果我们长期偏食于动物性的原料,会使人觉得肥腻,导致人体肥胖而引起高血压、动脉硬化等疾病;反之,长期偏食植物性的原料,也会使人感到素淡无味,同样影响人体健康。所以在菜单设计中,无论是设计一盘菜肴,还是一桌菜肴,都要注重荤素搭配,以满足人体的营养需求。

2. 菜肴结构要合理

各种菜肴的结构有冷菜、热菜、大菜、点心、甜品、水果等。设计菜单时,除了要掌握一定的比例和荤素搭配外,还要注重菜点酸碱度的平衡。食品可分为酸性食品和碱性食品两大类,人体每日摄取的食品其酸碱度必须平衡,否则人体就感到不舒服,严重失调的还会生病,所以我们要知道酸性食品以肉类、鱼类、蛋类等食品为主,碱性食品以各种蔬菜、水果、牛奶等食品为主。在菜单设计中一定要注重这些食品的搭配,保证人体酸碱度平衡。

3. 菜肴质量与售价要适应

菜肴的质量和售价有一定的联系。菜肴质量的好坏取决于两个方面:一是原料的贵贱和成本的高低,二是烹调水平和设计水平的高低。所以,应根据菜肴的售价设计出与其相适应的菜肴质量:对售价高的菜肴应用高档原料,制作要精细,具有一定的特色,给人以物有所值的感受;售价低的菜肴应用普通的原料,制作要有特点,在菜肴的口味、烹制的方法上应做到粗料细做,细料精做,保质保量。

4. 菜肴设计要突出季节性

设计菜单要根据季节的变化,在菜肴所使用的原料、色彩、口味及菜肴的温度等方面都要突出季节性:

(1)应选用不同的原料。冬天多安排一些暖性食品,如羊肉、狗肉、牛肉等。夏天多安排一些凉性食品,如水产品、新鲜蔬菜等。

(2)应选用不同色彩。一般冬季菜肴的色彩以暖色为主,给客人一种温暖的感觉,而夏天应以冷色为主,给人一种清爽凉快的感觉。

(3)应选用不同的口味。古人言:"春多酸,夏多苦,秋多辛,冬多咸。"所以在设计菜肴时春天可偏酸性口味,以促使人体酸碱度的平衡;夏天适当安排一些苦味食品,可使人降温消暑;秋天则偏向辛辣味,可使人增强防潮御寒的能力;冬天应以浓厚口味为主,可使人增味抗寒。

(4)应选用不同的烹调方法。如冬天宜选用火锅、砂锅及煲类菜肴,给人暖和之感,而夏季宜多用清蒸、凉拌、冻制等菜肴,给人一种清爽淡雅之感。

除此之外,菜肴组合的科学性还体现在应对顾客的消费心理、厨房设备、技术力量、成本核算、营养卫生等方面考虑周密,只有这样才能使菜肴与宴席具有很强的市场竞争力。

第三节　菜单与宴席的设计程序

菜单与宴席的种类很多,无论设计哪一类的菜单,其设计的程序基本相似,主要包括如下几方面。

一、确定菜单类别

不同类别的菜单,其设计要求和内容也不一样。如零点菜单与团体套餐就有所不同,零点菜单针对来自四面八方的顾客,按照各人喜爱的菜点和口味自由点菜。为满足这一类顾客的饮食需求,在菜单设计中菜肴的品种、风味要多样,数量相对要多一些,便于顾客自由挑选;而团体套餐根据饮食对象、用餐的规格和档次做到每顿饭菜不一样,菜肴的品种、数量以够吃为标准,以满意为目标。

再如早餐菜单,午、晚餐菜单,夜宵菜单,在菜品的内容和要求上也都不一样,烧烤菜单、火锅菜单、各种宴席菜单在风格上又有很大的不同。四川菜系、广东菜系、江苏菜系、山东菜系和其他风味的菜单在菜肴的口味、烹调方法等方面有很大的差异。所以,在设计菜单之前,首先要了解和明确菜单的类别,根据不同类别菜单的要求和特点,设计出相应的菜单。

二、确定菜单规格

菜单规格的高低取决于菜品类别的性质和特点,不同的菜品有不同的规格要求,即使同一类菜品其规格要求也不一样。这与餐厅所处的环境、饮食者对菜品的要求有一定的关系。以快餐菜品设计为例,设在汽车站、火车站附近或内部的快餐,要求简便、清洁、卫生,价格不宜太高。因为绝大多数顾客急需赶路,无太多心情品尝美味佳肴。而设在飞机场附近或内部的快餐,其菜肴的规格和档次可高一些,价格可贵一点儿。所以,在设计菜单规格时应考虑如下几方面因素:

(1)外卖店、快餐店菜品规格可低一些,火锅店、烤鸭店等各种特色风味餐厅的菜品规格可高一点儿。

(2)自助餐菜品、团体套餐菜品规格可低一些,零点菜品、一般宴会套菜菜品规格可高一些。

(3)家庭宴席菜品规格可低一些,商务宴会、喜庆宴会、重大的招待会等菜品规格可高一些。

(4)环境一般、装潢风格较普通的餐厅菜品规格可低一些,环境幽雅、装潢豪华、富丽堂皇的餐厅其菜品规格可高一些。

总之,确定菜品规格应根据餐饮市场与饮食对象的变化而相应调整。

三、确定菜品原料

当菜单的类别和规格确定后,就要对菜单中每一个菜肴的原料的数量、品质、配料的搭配比例等做出必要的规定,还要了解各种原料的供求情况,掌握本企业对各种原料的采购能力和库房、冰库的储藏水平,确保菜单中的每一菜品原料的供应。具体应做好如下几方面的工作:

(一)掌握好每个菜肴的原料的用量

在菜单设计中,对每个菜肴的用量都有明确的规定。例如一份炒肉丝,规定肉丝大盘200克,中盘150克,小盘100克,无论谁配菜,都必须按菜单中规定的分量去操作,保质保量,绝对不能忽多忽少,否则会影响菜肴质量和饭店的声誉。

(二)掌握好每个菜肴的原料品质

烹饪原料品质的优劣不仅关系到菜肴的质量和档次,而且还关系到成本核算。同样一种原料,由于品种、产地、生长季节及加工方法不一样,其差别也很大。如同样一份红烧海参,选用胶东半岛产的刺参为原料与选用海南岛产的梅花参为原料,两者在口感、品质等方面有很大的区别。所以,在设计每个菜肴原料时,要明确原料的品种、质量等方面的要求。

（三）掌握好每个菜肴的主、配料搭配比例

菜肴主、配料的搭配比例不同，菜肴的档次也就不同。如同样一份炒虾仁，主料与配料的比例为 4:1，和主料与配料的比例为 1:1，给顾客的感觉就不一样，前者显得档次较高，后者显得档次较低。所以用于不同类别和规格的菜品中，要选用主、配料比例不同的菜肴。

四、确定菜品名称

菜品的命名往往直接影响顾客对菜肴的选择和购买，同时也关系餐厅服务人员和厨师的工作安排，一份好的菜单所设计出的菜名必须名实相副、雅致得体，给人以艺术美的享受。为此，我们在给菜品命名时要掌握其中的原则和方法。

（一）菜品命名的原则

（1）要真实可信。好的菜名不仅要好听、好记，而且要能体现出菜肴的特色，反映菜肴制作的全貌，能给顾客留下深刻的印象。但不能故弄玄虚、夸大其词。

（2）要雅致得体。好的菜名应当朴素大方、含义深刻，不可牵强附会、滥用辞藻，更不能低俗下流。

（3）要便于记忆。菜品的名字不宜太长，字数不宜太多，以 4~5 字为好，读起来应当顺口，易写易记。

（4）要满足客人的心理。不同的饮食对象有不同的饮食心理，要根据人们的就餐心理，设计出不同的菜名。如发菜鱼圆一菜，可命名"发财鱼圆""恭喜发财"等菜名。再如玉米炒虾仁一菜，可命名"金玉满堂""田园小炒"等菜名。这种菜肴命名方法较好地迎合了人们求发财、喜食天然食品等饮食心理。

（二）菜品命名的方法

菜单中的菜肴命名方法有多种，具有一定的规律可循。

（1）在主料前面加上烹调方法的命名。如白灼基围虾、干烧鲈鱼、水煮肉片等。这种命名方法在中国菜谱中最为常见，顾客见到菜名就知道该菜肴用什么原料和什么烹调方法制成。

（2）在主料前面加上调料的方法。如黑椒牛柳、咖喱鸡块、糖醋排骨等，这种命名方法主要突出菜肴的口味，一些由特色的调料制成的菜肴深受顾客的欢迎。

（3）在主料前加上人名或地名的方法。如麻婆豆腐、东坡肉、北京烤鸭、无锡排骨等。这种命名方法使顾客知道菜肴的起源与历史，具有一定的烹调特点和地方特色。

（4）在主料前面加上某一辅料的命名。如银杏虾仁、尖椒牛柳、板栗子鸡、青豆肉丁等。这种命名方法充分突出主料和辅料的特点，使顾客看到菜名就知道该菜肴主、辅料的构成，能引起人们的食欲。

（5）在主料前面加上菜肴的色彩或形态的命名。如碧绿海参、菊花青鱼、葫芦鸭子、金银子鸡等菜肴。这种命名方法主要突出菜肴的色和形,给人一种艺术美的感觉。

（6）在主料前面加上辅料烹调方法的命名。如土豆烧牛肉、香菇扒菜心、姜葱炒肉蟹、蘑菇蒸鸡块等菜肴。这种命名方法是最常见的,可从菜名中全面了解到这一菜肴所用的主辅料及采用的烹调方法。

（7）以烹调方法和原料的某一特征命名。如拔丝苹果、氽奶汤鲫鱼、糟熘三白、烩三鲜等菜肴。这种命名方法主要突出菜肴的烹调方法及菜肴的色泽等方面的特点,有些菜虽然没有标明所用的原料的名称,但可使人看到菜名就知道所用原料的特性和色泽。

（8）以形象或寓意命名。如双龙戏珠、金银满屋、珠联璧合、比翼双飞等菜肴。这种命名方法从字面上看,很难知道是用什么原料及烹调方法制成的,这种命名方法主要用于花色菜肴,迎合人们吉祥、美满和对他人祝愿的心理。用这种方法命名应尽可能确切自然,注意寓意,易于理解,回味无穷。

总之,因菜系、各地的风土人情、饮食习惯的不同,菜品的命名方法也很多,我们不能局限于上述几种方法,应根据菜肴的色、香、味、形、器、声、温度、亮度等特色,不断地创新,使菜肴命名更加贴近人民的生活,更加名副其实,更加优雅、别致,富有文化内涵。

五、确定菜品价格

菜品价格的确定是菜单设计中最重要的环节,因为菜单中产品的价格高低直接关系顾客的购买行为,影响产品的成本控制和企业的经营效益,所以在确定菜品价格时应注意若干问题。

（一）必须了解产品的价格构成

产品价格的构成主要由产品的原料成本、经营费用、营业税金、经营利润四方面构成:

（1）原料成本:主要由产品所用的主料、配料、调料组成。

（2）经营费用:主要由职工工资、水电费、燃料费、维修费、洗涤费、广告费、办公费、低值易耗品费、折旧费、银行贷款利息及其他费用等组成。

（3）营业税金:主要由增值税、城市维修建设税、教育附加税、房产税、所得税及印花税等组成。

（4）经营利润:产品营业总额减去原料成本费用、经营费用与各种税金,所剩余的金额称经营利润。利润的高低是衡量企业经营效益的主要指标,也是产品定价的主要依据。

（二）必须了解影响产品价格的因素

在确定产品价格时必须考虑在确保企业保本的情况下能获得一定的利润，同时还要考虑顾客的需求及顾客接受价格的程度、产品的竞争等因素。

（1）产品原料成本对产品价格的影响。原料成本的高低是产品定价的基础，饮食产品售价一般由原料成本加上销售毛利率组成，原料成本越高，产品售价就越高，销售毛利率越高，售价自然就越高。所以，一方面，要控制原料成本价格，在采购原料中尽量控制价格，讲究质量，在加工中尽量提高原料的净料率；另一方面，要根据原料成本的高低，加上一定的销售毛利率，在保证利润的情况下确定售价。

（2）经营费用对产品价格的影响。经营费用的高低是确保产品利润的关键，如果不加强经营管理，人员工资很高，水电费、燃料费超出预定的费用，各种费用也偏高，要想保证产品利润就很困难了。所以必须降低经营费用，确定合理的产品价格，才有一定的利润。

（3）竞争对产品价格的影响。产品价格的高低除了受上述因素影响外，餐饮企业的竞争对产品价格也有着直接的影响。为了使企业在竞争中立于不败之地，往往采取一定的价格政策来吸引顾客消费，所以，要不断研究产品的竞争优势，分析本企业产品所处的竞争地位和顾客对本企业价格政策的反应，以及时调整产品价格。

（4）不可控因素对产品价格的影响。产品价格往往受社会上各种不可控因素的影响，如政治因素——国家规定不能以公款请客，价格就要做出相应的变动；再如，全国暴发疫情，如"非典""禽流感"病毒流行，餐饮行业首当其冲受到影响；另外，国家经济发展的速度，人民币、外汇汇率的变化等因素或多或少都会对餐饮产品价格有一定的影响。

（三）必须了解产品定价策略

餐饮企业对产品的定价应具有一定的灵活性，不可能每一个菜肴毛利率、利润率都是一个标准，但在确定每一个菜的价格时既要掌握定价的政策，又要注重定价策略。

（1）产品定价要有标准。一家餐饮企业在确定产品价格时，必须掌握产品定价的总体标准，即成本率、毛利率、利润率的标准，根据标准来确定每一个菜的售价，当然不可能"一刀切"，而是有的菜毛利率高一些，有的菜毛利率低一些，总体毛利率则不可变。

（2）产品定价要有目标。餐饮企业在追求目标市场、目标利润、注重销售、刺激消费的定价目标的基础上，根据自己的产品质量和竞争状况来决定，每个菜肴的价格水平是高于还是接近或是低于竞争者，这是十分重要的。一般来讲，当竞争态势越激烈,其定价越要接近竞争者;当企业需要争夺市场,扩大市场占有率时,往往产品定价低于竞争者价格;当企业要突出产品的质量,树立产品形象时,则将产品价格定为高于竞争对手同类产品的价格水平。

(3)产品定价要灵活。餐饮产品定价的灵活性主要针对一些新产品的开发、老顾客的照顾及团体用餐的优惠等方面。如对一些新产品开发往往采取市场暴利价格,也就是说其他餐厅没有的品种或无法仿制的产品,其价格无法相比的情况下,毛利率可高一些,有的新产品为了被消费者尽快接受,毛利率可低一些。有的新产品或新开的餐厅,为了迅速投入市场,被顾客所了解,采取打折销售或送优惠券等方式来刺激顾客消费等策略,都是一种灵活的定价方法。

确定菜品的价格不仅要掌握产品价格的构成、影响产品价格的因素与定价的策略等方面的知识,而且要不断分析餐饮市场的竞争态势,灵活确定每一个菜肴的价格,以利于提高企业的利润和促进企业的发展。菜品定价的具体方法,将在本书第10章详细说明,本章不再赘述。

六、确定菜单制作

菜单既是餐饮生产和经营的计划书,又是向顾客宣传和推销产品的工具,菜单制作从菜单的形式、内容的编排、制作材料的选择到文字的设计等无不是一项技术与艺术相结合的工作。

(一)菜单的形式

菜单的形式与颜色多种多样,怎样使菜单既有丰富的内容,又有吸引顾客的式样和外表,关键是菜单的格式、精美程度是否与餐厅的装饰环境相协调。各种餐厅的就餐环境、选择菜单的形式均有区别,目前最常用的菜单有以下几种形式:

(1)单页式。单页式一般用于快餐、小吃部、咖啡厅、茶馆等餐厅,以及特选菜单、时令菜单等,这类菜单设计制作较简单,成本较低,多为一次性菜单,很少重复使用。

(2)折叠式。折叠式菜单多为对折或三折的形式,一般用于各种宴席菜单。这类菜单设计精美,引人注目,一般放在主人或主宾的位置,如有十分隆重或重要的宴会,则每人一份菜单,可以平放或竖立在桌面上,起到点缀餐桌、吸引顾客、扩大宣传的作用。

(3)书本式。书本式菜单是酒店常见的一种菜单,一般用于零点菜单。这种菜单封面硬朗漂亮,内容丰富,菜肴排列有序,顾客可按照菜品的排列逐页挑选自己喜欢的菜肴。

(4)活页式。活页式菜单可根据季节的不同、饮食对象的差异、市场需求的变化和竞争状况等因素,及时调整菜单的某些品种和价格,而不必重新制作菜单封面。这种形式的菜单能节约成本,方便实用。

(5)悬挂式。悬挂式菜单常用于客房内的菜单。这种菜单一般悬挂于客房门把手一侧的墙上,易于被顾客发现、阅读和选用菜肴。

(6)艺术式。艺术式菜单就是具有一定艺术造型、丰富多彩的菜单的总称。这类菜单多用于重大的节日、美食节等推销而设计,如用于春节推销的宫灯式的喜庆菜单,圣诞节推销的圣诞老人菜单或是松树状菜单,螃蟹美食节推销的螃蟹状菜单等。这类菜单往往以独特的造型和色彩,体现出与一般菜单的不同,促使顾客翻阅菜单,从而给顾客留下难忘的记忆,达到推销产品的目的。

(二)菜单的内容

菜单的内容设计要根据整个餐厅的经营范围、服务方式、菜肴的类别等因素来编排,其顺序应根据人们的就餐顺序和思维次序来安排。有关中餐菜单内容的编排主要有以下几种方法:

(1)按菜肴的类别来编排。如冷菜类、炒菜类、大菜类、汤羹类、点心类、主食类等。

(2)按菜肴所用的主料来编排。如山珍类、海味类、河鲜类、家畜类、家禽类、蔬菜类等。

(3)按烹调方法来编排。如炒类、爆类、炖类、焖类、炸类、熘类、氽类等。

(4)按盛器或加热方法来编排。如火锅系列、铁板系列、烧烤系列、砂煲系列等。

(5)按菜肴风味或菜系来编排。如西北风味、北方风味、南方风味、江苏菜系、山东菜系、广东菜系等。

(6)按推销产品的方法来编排。如时令菜单、特选菜单等。

(7)按宴席的类别来编排。如生日菜单、婚宴菜单、各种美食节菜单、各种商务宴席菜单、各种招待宴席菜单等,这类菜单要根据饮食对象、规格和要求,从冷菜、热菜、点心到甜菜、水果等形成一整套的菜单。

(8)按菜肴的饮食功用来编制菜单。如滋补类、养颜类、健美类、美容类等。

上述各种菜单内容的编排方法,除顺序上有一定的规律外,在每个菜的数量和价格上也有一定的规定。如零点菜单必须标明每个菜的价格,有的还明确主、辅料的品种和数量,有的旁边还附上彩照等。

有关团体套餐和各种宴席菜单等都要按要求规定每套菜的规格和价格等。

(三)菜单的制作

制作一份理想的菜单,除了要选定好菜单的形式和内容外,还要注重对菜单的用纸、文字、印刷、规格、色彩与图案的选择、装帧方法等方面的要求。

1. 菜单用纸

正确选择菜单的用纸,不仅关系菜单设计质量的优劣,而且关系餐厅的档次和成本控制,所以要根据菜单使用的方式,合理选用菜单用纸。饭店使用的菜单有一次性和反复使用两种。

(1)一次性菜单主要用于快餐菜单、时令菜单、特选菜单及一般宴席菜单等。这类菜单用过后,有的会被顾客带走作为纪念,有的则现场处理掉,所以,可选择轻巧价廉的胶版纸等制作。但在制作时要高标准、高质量,不可粗制滥造。

(2)反复使用的菜单一般多用于零点菜单。这类菜单使用时间长,要经得起顾客多次翻阅传递,可选择高级铜版纸、牙粉纸和特种纸等,外表要有塑料薄膜,使纸张不易卷曲,具有防水耐污、容易擦洗、防折、耐磨等特点。菜单的封面纸张要厚实,内页相对要薄,外壳可选用皮革制成,不宜选用塑料、人造革、绸绢等材料,因为这些材料易于折断、龟裂和沾污染渍。

2. 菜单字体

菜单字体的大小、粗细、排字的行距等与餐厅的风格、菜单的颜色等因素有密切的关系,具体应注意如下几点:

(1)字体选择要易识别。中国的书法历史悠久、博大精深、字体繁多,有行书、草书、隶书、楷书等。因隶书、草书以艺术性见长,有的人不易看懂,应少用或不用,一般多用于菜单的封面。楷书工整端庄,行书字体流畅,易被顾客识别,一般多用于菜单的内页方便阅读。

(2)字体大小要相宜。菜单的字体不宜太小,因为进入餐厅的顾客男女老少均有,如果字体太小,看起来会很吃力、难辨认,尤其一些近视或老花眼顾客更是无法看清菜单上的字,这将直接影响其消费情绪,所以,在设计字体时,要大小有致。一般来讲,栏目名称字体要大一些,正文字体则要小一些;中文的字体要大一些,英文的字体要略小一些。

(3)字体排列要协调。菜单的字不宜排列太多,太多会给人一种眼花缭乱的感觉,会使顾客前看后忘或是无心细看;如果字数太少,又会给人一种菜品不够、选择余地小的感觉,也浪费纸张、增加成本。一般来讲,一页纸上的字与空白应各占50%为佳。字体的排行间隙要保持一定的距离,使人读起来比较舒服。

(4)字体颜色要相配。字体的粗细、颜色要与菜单的大小、颜色搭配。如果字体太粗会给人一种厚实沉重的感觉,如果排得太密,会显得黑、糊;字体太细、太淡,又使人不易辨认。所以,在设计字体的粗细和颜色时,要考虑菜单的大小和纸张的颜色,如是白色或浅色的纸张,可选用黑色或彩色的字体;如是深色或灰色的纸张,可选用黑色或色差对比度较强的字体,起到既美观又突出的效果。

另外,字体的选择要与餐厅风格、菜单的作用相一致,如古典式餐厅宜用古典字体,现代式餐厅宜用现代字体。不同类型的菜单应选用不同字体,使菜单的内容既富有艺术性,又容易读懂,富有内涵。

3. 菜单规格

菜单规格的大小与菜单的类别、形式及餐厅风格有密切的联系。目前,全国各种菜单规格还没有统一的标准,完全根据各饭店的经营风格自行设计。最常见的菜单有如下几种规格:

(1)单页式菜单,规格一般是28厘米×40厘米。

(2)折叠式菜单,有对折菜单,规格一般是21厘米×21厘米;三折菜单,规格一般是21厘米×33厘米;四折菜单,规格一般是21厘米×44厘米。

(3)书本式菜单,规格一般在36厘米×52厘米。

(4)活页式菜单,有大有小,小的规格一般是22厘米×22厘米,大的规格一般是35厘米×52厘米。

(5)艺术性菜单,规格更是多种多样,完全可根据餐厅的风格、菜单的类别来精心设计,要求造型别致,形式多样。

4. 菜单颜色

在菜单设计中,我们要正确运用不同的颜色,使菜单色彩更漂亮,赏心悦目,使人产生兴趣,争相翻阅,从而起到推销菜品的作用。具体要求有如下几点:

(1)菜单颜色要与餐厅的风格相协调。如餐厅的装饰具有中国的传统色彩,以红色或其他暖色为主色调,菜单的颜色最好以古色古香为佳;如餐厅颜色主要是欧式或现代感较强的颜色,菜单颜色则不宜大红大绿,否则使人产生不伦不类的感觉。

(2)菜单的颜色要与餐饮主题相一致。一般来讲,喜宴的菜单的颜色以大红、粉红为佳,欢迎宴席以多种颜色组成为好,各种美食节应围绕主题,选定不同的色彩来烘托美食节的主题,起到画龙点睛的作用。

(3)菜单的颜色要讲求淡雅美观。一般来讲,在确定菜单的颜色时不宜通篇都是大红、大绿、大黑等单一色彩,如选用的色彩或纸张颜色太深,文字印刷后很难辨认,所以,在设计菜单封面、内页、封底时,颜色可深可浅,可选用浅红、浅褐、米黄、天蓝等色彩为基调,点缀性地运用鲜艳色彩,使人感到雅致而有档次,也便于文字印刷和辨认。同时,菜单中各种图案或照片色彩要逼真美观,图案要色彩深浅有度,排列要错落有致,富有艺术性,使顾客阅读后,印象深刻,利于销售。

5. 菜单内容的正确性和严肃性

从内容来说,菜单不仅是餐饮企业宣传产品的种类、价格、质量的主要文件,还是餐饮企业向顾客提供服务项目的承诺书。所以,在设计菜单内容时,应做到如下几点:

（1）菜单内容不能随意涂改。有的餐饮企业在更改菜单时，为了图方便、省成本，直接在原菜单上涂改菜名和价格，或用纸片、胶带遮贴在原菜名或价格上。这样显得既不严肃，也不雅观，使客人有一种上当受骗、不舒服的感觉，从而引起顾客的猜疑或投诉。

（2）菜单中的品种必须保证供应。有的餐饮企业提供的菜单，菜肴品种丰富多彩，应有尽有，多达几百种，但顾客点菜时，却出现"菜单有名，厨房无菜"的现象，直接影响顾客的消费情绪。所以，必须掌握一条原则，凡是菜单中列出的菜肴品种，必须保证供应。如果因原料供应情况、季节的变化等因素，无法保证产品供给，则应该及时更换菜单，否则会影响企业形象和经营效果。

（3）菜单中菜名要便于理解。最好对每一菜品的主配料、烹调方法及风味特色等做出简单介绍。有中外文对照的菜单，外文需翻译准确，其目的是让顾客正确理解每一种菜肴的结构和成菜后的口味，以便顾客正确选择自己喜欢的菜肴。如有些菜名虽然富有诗意，十分雅致，但是顾客难以理解，无法选定其喜欢的菜肴，这样会直接影响菜肴的销售。

（4）菜单基本要素不可缺少。设计菜单时，除了菜单中的菜名、价格外，菜单中餐厅的名称、详细地址、营业时间、订餐电话、有关优惠政策等都必须写清楚，其主要目的一是发挥菜单的宣传促销作用，二是便于顾客订餐，使更多的顾客来餐厅消费。

本章小结

本章较系统地阐述了在菜单与宴席菜品设计中应坚持的原则，并提出具体的要求，较全面地介绍了菜单制作的程序，对菜单的类别、规格、原料、名称、价格等都做了较详细的说明，并强调了在制作菜单时应注意的几个问题，使读者在菜单与宴席设计的实践中少走弯路。

【思考与练习】

一、职业能力应知题

1. 菜单与宴席菜设计应掌握哪些原则？
2. 菜单与宴席菜设计中的要求有哪些？
3. 简述菜单与宴席设计的程序。

4. 菜单制作中应注意哪些事项?

二、职业能力应用题

1. 根据菜单与宴席菜设计的原则和要求,试设计一张 60 周岁生日宴席菜单。具体要求如下:

(1)人数:20 人

(2)季节:秋季

(3)价格:每人 80 元(酒水除外)

(4)规格:8 个冷碟,7 菜 1 汤(包括甜菜和蔬菜各一道),2 道点心,1 道水果拼盘

(5)销售毛利率:50%

(6)菜肴按出菜顺序排列

2. 试设计一张折叠式的春节宴席菜单,其菜单的形状、颜色、内容、文字等均自行确定。

第 3 章

零点菜单与菜品设计

学习目标

● 了解零点菜单的种类与特点
● 掌握零点菜单与菜品的设计要求和方法
● 懂得零点菜肴制作的注意事项

零点菜单又称点菜菜单,就是将多种菜肴名称依照原料的种类或菜肴的类型等,组合成具有一定数量和品种的菜单。

在餐饮企业中零点菜单是最常见、使用最广泛、也比较灵活的菜单,它既可以服务零散客人,也可服务于人数不多的团体客人。由于零点菜单每道菜肴按例或按大、中、小份明码标价,顾客可根据自己的喜好及消费水平自由地选择菜品,所以,零点菜单是顾客就餐的必用之物。

第一节　零点菜单的种类与特点

零点菜单种类很多,其特点比较明显,它既是餐饮企业与顾客联系的纽带,又是反映餐饮企业经营特色和衡量餐饮企业等级水平的标志。所以,我们要认真分析,研究零点菜单在设计与制作中的一般规律,了解分类方法,掌握其特点。

一、零点菜单的种类

(一)从菜单的表现形式来划分

一般可分为常用菜单、非常用菜单两种。

1. 常用菜单

又称不变菜单、基本菜单等。这类菜单中的菜肴相对稳定,一年四季不大变动,主要是由餐饮企业的一些特色菜、品牌菜及顾客喜欢点食的菜肴组成。在制作过程中都严格按照每个菜肴的规格、程序、标准制作,菜肴的质量比较稳定,顾客比较认可,通常不会轻易改变制作方法,这不仅可以突出餐饮企业的经营特色和风味特点,而且有利于菜肴在制作过程中的管理和成本控制。常用菜单的不足之处是菜肴缺少变化,如不适时加以调整或补充一些菜肴,很难长期吸引老顾客来餐厅消费。

2. 非常用菜单

又称临时菜单、补充菜单、插页菜单等。这类菜单出现的形式比较多,有的以季节的不同,推出春、夏、秋、冬四季的菜单,主要突出四季不同的原料,并根据人们四季的不同品味和爱好,制作出不同的美味佳肴,满足客人"物鲜为贵"的饮食需求;有的以地方风味的不同制作出上海菜、杭州菜、湖南菜等菜肴,主要突出各地在选料、加工、调味等方面的特色;有的以节气不同制作出元宵、端午、中秋等节令菜单,主要突出不同节日的风俗习惯;有的以某一厨师的技术擅长推出一些特选菜品、品牌菜菜单,主要突出餐饮企业中的技术力量;有的以某一种盛器或烹调方法为特点,推出砂锅、煲锅、铁板、辣子、剁椒、盐焗、纸包等系列菜单,主要突出餐饮企业中的特色菜等。非常用菜单的优点是变化快,可以弥补常用菜单的不足,既给顾客一种常吃常新的感觉,不断吸引顾客消费,又能促使厨师不断创新,提高餐饮企业的经济效益和经营水平;不足之处是菜肴质量的稳定性欠佳。

(二)从菜单的用途来划分

一般可分餐厅内菜单、餐厅外菜单两种。

1. 餐厅内菜单

指在各种餐厅内供顾客所用的零点菜单,这类菜单的内容较多。普通菜单主要是满足一般顾客的饮食需求而设计的菜单,这类菜肴品种多,价格分高、中、低三个档次,可以满足不同人群、不同层次、不同饮食习惯的顾客的要求。还有一种是特殊菜单,如儿童菜单、老年人菜单、糖尿病患者菜单、高血压患者菜单、药膳菜单、保健菜单等,这类菜单主要是为满足一些特殊人群的饮食需求而设计的,其菜单中的菜肴讲究营养,讲究生理功效,讲究科学膳食。

2. 餐厅外菜单

指超出餐厅范围所用的零点菜单,这类菜单根据客人的特殊需求而设计,如房内用餐菜单、夏季广场风味小吃菜单、外卖菜单等。这类菜单主要根据客人和经营的需要,满足一些因各种原因不愿或不能进入餐厅用餐的人群的需要,其菜肴品种不太多,制作不太复杂,有利于烹调,有利于客人用餐,有利于服务员服务。

(三)从菜单的餐别来区别

一般可分早餐零点菜单、正餐零点菜单、夜宵零点菜单三种。

1. 早餐零点菜单

可分中式早餐菜单、西式早餐菜单、中西合璧菜单等,共同的特点是菜品不太多,制作简便快捷,清洁卫生。所以,最常见的中式早餐零点菜单主要有粥类、点心类、冷菜(小菜)及饮料类等。

2. 正餐零点菜单

主要指用于午餐、晚餐的零点菜单。有的餐饮企业所用的菜单不分午餐、晚餐,两者基本一样或相似。这类菜单主要根据中国人的生活、饮食习惯设计,设计比较讲究,品种比较齐全,菜品比较多,价格档次区别比较明显,可适合不同消费群的需求。

3. 夜宵零点菜单

主要指为深夜需用餐的客人提供的点菜单。随着都市经济的发展,人们夜生活的丰富多彩,深夜需要用餐的人越来越多。餐饮企业为了增加营业收入,满足这部分消费人群的需求,精心设计夜宵零点。这类菜品主要以风味小吃为主,设计时应考虑各类菜品的比例关系及每个菜的数量、价格等因素。

二、零点菜单的特点

零点菜单与团体套餐、各种宴席菜单相比,无论在设计的内容、方法上,还是在制作过程上,都有着根本的区别,具有适应面广、批量较少、品种较多、风味突出、价格较贵等特点。

(一)适应面广

零点菜品不是针对某一群体或某一地区设计,而是面向四面八方的顾客设计的,所以,在设计中要考虑菜单中的菜肴能适合各种人群的口味、爱好、消费水平等。如北方人口味偏咸,南方人口味偏甜,四川人、湖南人喜食麻辣菜肴,江苏人、浙江人喜食甜味菜肴;外国人爱吃煎、烤、炸等无骨的菜肴,中国人喜食炒、爆、炖、焖、煨、蒸的菜肴;沿海地区喜食海鲜、水产制品,中西部地区喜食牛肉、羊肉等。因而零点菜品要求品种多,使客人根据自己的爱好有选择菜肴的余地,同时还要充分考虑菜肴所使用的原料和烹调方法,菜肴的质地、颜色等都要搭配均衡合理,每类菜品的价格要体现高、中、低的比例搭配,以适应不同消费层次的饮食需求。

(二)批量较少

凡是零点菜单所设计的菜肴,厨房必须都要做好充分的准备,保证供应。但零点餐厅客源每天都不同,客人的需求又不一样,很难判断零点菜单中所供应的菜肴每天需要量是多少。有的菜品点的人多一些,有的菜品点的人很少或没有人点,所以,厨师在准备各类菜品时都不宜准备得太多,但也不能无准备。要根据零点餐厅每天经营的情况,认真进行分析,做出一定的判断,分类别、分菜肴来控制供应量,防止准备过多而多日用不完,造成原料不新鲜,而影响客人的消费,甚至发生食物中毒,造成不可挽回的负面影响。所以,与团体菜品相比,零点菜品每个菜肴的准备批量要少,加工要精细,保管要科学,以保质保量地做好菜肴的供应工作。

（三）品种较多

因零点菜单是面向世界各地的顾客所设计,为了满足众多客人的要求,菜单中的类型要多,各类菜品必须要有一定的数量,如中式零点菜单,有冷菜类、海鲜类、畜肉类、禽蛋类、蔬菜类、甜品类、主食类、汤类等。根据这些类别,每一类均安排一定数量的菜肴,要求各菜肴烹调方法及菜肴的色、香、味、形均不一样,使顾客在众多的菜品中能挑选出自己喜爱的菜肴。有些餐饮企业为了满足顾客求新、求变的饮食心理,往往在常用的固定零点菜单中,根据季节的变化及餐饮的发展趋势,不定时地增加一些时令菜、特选菜、特色菜来弥补固定菜单的不足。

（四）风味突出

设计零点菜单必须根据餐厅的风格、档次及厨师的技术力量等条件,来确定内容,尤其在餐饮市场竞争十分激烈,人们的消费意识日益成熟的今天,零点菜单菜品不能过于"大众化""固定化",一年四季都是老品种。尽管零点菜单要求菜品较多,但并不是把各地的菜肴七拼八凑地组合在一起,而是要突出风味个性,菜肴既要与时俱进又要主题突出,特色明显,如川菜餐厅从餐厅的装潢、格调、台布的花样、零点菜单列出的菜肴等都要有川菜的风格,都是川菜系列菜品,每个菜肴从原料的运用、调味的方法、烹调的手段、装盘的风格,都要突出川菜特色,使顾客一进餐厅就领略到川菜的风味。

（五）价格较贵

零点菜单因品种多,每个菜肴的销售量少,大多数菜肴不可能大批量地生产。有的菜肴预先作了加工,作了切配的准备,但由于客人很少点菜,几天后原料超过保质期无法使用而造成浪费;有的菜肴现点现制,每份菜肴都要按制作的程序、烹调方法的有关标准进行操作,在加工、调味的过程中造成一定的浪费;有的菜肴因生产批量小、加工精细,而造成的浪费可想而知。由于零点菜单中每一份菜肴的成本率相对要比套餐菜肴和团体菜肴高,餐饮企业为了保证菜肴一定的利润率,所以零点菜单中菜肴的价格相对要高于套餐菜肴和团体菜肴的价格。

第二节　零点菜单的设计要求与方法

设计零点菜单时,必须根据各种零点菜单的用途与特点,设计出最佳的菜单,具体要明确设计要求,注重设计方法。

一、零点菜单的设计要求

（一）明确经营风味

在设计零点菜单内容时，首先要确定经营菜肴的风味。因此，要根据本地区、本企业餐饮经营的特点，选定一两种风味菜肴，形成有独特风味的零点菜单。这样不仅能突出特色，而且有一定的竞争力。在设计零点菜单时，千万不能照抄照搬别人的菜单或把多种菜系的菜肴拼凑在一起，形成大杂烩菜单，这种没有特色的菜单自然不能吸引更多的顾客来餐厅消费。

（二）明确菜单用途

我们在设计零点菜单时，要了解菜单用于何处，如是用于粤菜馆，还是用于鲁菜馆；要根据各餐厅的风格，设计出相应的风味菜单；还要了解菜单用于何种餐别。用于早餐的菜单，要以粥类、点心类、冷菜（小菜）等内容为主；用于午、晚餐的菜单，要以冷菜、热菜为主，再安排一些汤羹类、面食类、甜品类等菜肴；用于客房内用餐的菜单，安排的菜品不宜太多，要便于烹调，便于服务等。

（三）明确消费对象

在设计零点菜单过程中，要根据餐厅装潢的档次、风格、服务水平等条件，来定位顾客的消费层次。例如，一个三星级饭店的零点餐厅，对历年来接待的对象进行分析研究，了解到来餐厅消费的人群中，高、中、低消费的比例是：高消费的人群占20%~30%，中档次消费的人群占50%~60%，低消费的人群占20%~30%。那么在设计菜单内容时，根据这一比例，就可以设计出高、中、低档的菜品来满足不同消费对象的饮食需求。

（四）明确菜肴数量

零点菜单中菜肴数量的多少要依据饭店规模的大小和技术力量的强弱来确定，菜肴数量列举太多，会使客人在点菜时无所适从，有的客人不会花费很多的时间点菜，而且也在增加厨师和服务人员的工作量，在人手不足的情况下，因准备工作不充分，容易出现缺售菜肴的现象，服务质量自然会下降，反而事倍功半；如菜肴数量列举太少，客人挑选菜肴的余地就少，无法满足不同层次的消费群的饮食需求。所以，我们要认真分析各种客观因素，根据餐厅的规模及工作人员的数量，设计出与客观条件相适应的菜肴数量。一般零点菜单的数量控制在80~120种为宜，随着市场和季节的变化，有些菜肴可长期供应，有些菜肴可删去，还可以根据不同的季节、不同的节日、不同的主题，随时增加一些特色菜、特选菜、时令菜等来弥补零点菜单菜肴数量不够的缺陷，目的是吸引更多的食客来就餐和调换食客的口味。

（五）明确菜肴盛器

因为零点菜单通常按照盛器的大、中、小来设定菜肴的多少，所以零点菜单在设计每一份菜肴所需原料的重量时，往往要先了解各种盛器的形状和大小。如一份"鱼香肉丝"用大盘装，需要 200 克肉丝，可供 7~10 人用餐；用中盘装，需要 150 克肉丝，可供 4~6 人用餐；用小盘装，需要 100 克肉丝，可供 1~3 人用餐。如在设计中对盛器不太了解，小盘装上大份菜，显得过于臃肿，大盘装上小份菜，显得分量不足。

（六）明确菜肴成本

零点菜品的成本核算相当重要，不但要计算出每一份菜肴的主料、配料、调料等的成本，还要了解制作零点菜肴所支出的费用。为了计算正确，在核算时不能凭经验、大约估计等方法来核算成本，而是应该对每份菜肴所需要的原料逐一核算，掌握每一原料在加工时的出净率、损耗率是多少，每一份菜肴需要多少净料，还要了解各种原料的市场价格，这样才能正确计算出每盘菜肴的成本费用。根据这一费用就可以计算出每盘菜肴的售价。售价的计算公式是：售价＝菜肴的原料成本÷（1－销售毛利率）。所以确定零点菜肴的销售毛利率很重要，销售毛利率越高，售价就越高。但零点菜肴中并不是每一盘菜肴的毛利率都是一样的，而是应根据菜肴的结构确定毛利率，如一些大众菜肴的销售毛利率应定得低一些；特选菜、特色菜销售毛利率可定得高一些；高档、较贵的原料因成本太高，销售毛利率可定得低一些；品牌菜销售毛利率可定得高一些。但零点菜肴总的销售毛利率不得低于饭店预先设定的总毛利率。总之，每一份菜肴毛利率的确定应以有利于促销、有利于经营、有利于盈利为目的。

（七）明确内容编排

零点菜单内容的编排是有一定原则的，即应根据菜单的式样（如单页菜单、对折菜单、三折菜单、多页菜单等），来确定哪些菜排在重点位置，哪些菜排在次要位置，要根据人们阅读菜单的习惯和心理，结合餐饮企业推销菜肴的重点，精心设计，精心编排，从而达到促销的目的。

在产品类型的排序上，因菜系、地区的不同，排法也不一样。通常的排序是：冷盘类、海鲜类、水产类、肉类、家禽类、蔬菜类、主食类、汤类、甜品类等。但粤菜的排序要特殊一些，主要是：卤水烧味类，燕、鲍、参、翅、肚类，海鲜类、畜肉类、家禽类、煲仔类、蔬菜类、汤羹类、点心类，粥、粉、面、饭类等。其规律是一般把山珍海味及较贵重的、有特色的菜肴排列在前面或重点位置上。近几年来，随着餐饮企业不断的改革、创新，许多餐饮企业在零点菜单的产品类型的排序上更加人性化、个性化，尤其对一些山珍海味、鲜活原料等热菜，在菜单上只标明单价，其每份菜肴数量的多少、采用什么烹调方法制成、做什么口味均由顾客说了算。这种做法深受顾客的欢迎。

另外,零点菜单中产品类型及菜肴、数量之间的比例关系也要恰当,要根据顾客的消费心理及规律,进行科学的设计。一般来讲,冷菜类、热菜类、面点类、汤类之间数量的比例关系是:1∶4∶1∶0.7。但这不是绝对的,而是要根据各地区、各菜系、各地人们的饮食习惯加以调整,使各类菜肴比例更加趋向合理。

二、零点菜单的设计方法

零点菜单由于种类繁多,形式多样,用途不一,很难面面俱到把每一种设计方法都加以介绍,在此,我们仅介绍最常见的几种零点菜单的设计方法。

(一)中式早餐零点菜单的设计

1. 中式早餐零点菜单的内容

一般分为冷菜(小菜)类、点心类、粥类、面条类、饮料类等。

(1)冷菜(小菜)类。一般安排 10~15 种为宜,如酱菜、咸鸭蛋、茶叶蛋、泡菜、酸菜、开洋拌芹菜、香肠等。这些菜不油腻,开胃口,易下饭。

(2)点心类。一般安排 8~12 种为宜,通常有包子、馒头、饺子、油条、麻球、花卷、拉糕、烙饼等。有的餐厅还提供一些乡土食品,如南瓜、烤山芋、煮玉米等。

(3)粥类。一般安排 3~5 种,如大米粥、小米粥、红豆粥、绿豆粥、皮蛋粥、鸡蛋粥、菜粥等。

(4)面条类。一般安排 3~4 种,如牛肉面、雪菜肉丝面、三鲜面、什锦炒面等,有的餐厅还提供各种云吞等。

(5)饮料类。主要是各种茶、牛奶、豆浆及各种果汁等。

随着中外交流越来越多,许多餐厅为了满足各方客人的早餐需求,零点早餐还提供一些热菜,如蘑菇炒鸡蛋、煎鸡蛋、豉椒煎肉排、凤爪、虾酱鲜鱿鱼等菜肴,粤菜早茶的各种菜点更是丰富多彩。

2. 中式早餐零点菜单设计中的注意事项

在设计中式早餐零点菜单时,在认真分析主要客源的生活习惯与饮食习惯的基础上,一般应注意如下几点:

(1)菜品要求清爽,不宜太油腻。一般中国人早餐不喜欢吃口味太浓、油太多的菜肴,喜欢吃一些油少、清淡的菜肴和点心。

(2)菜品的种类与数量不宜太多。绝大部分顾客用完早餐后,都急于上班或办事、旅游等,所以他们不愿意用很多的时间慢慢品尝菜肴,这要求菜品要简单,服务要迅速快捷。

(3)菜品的价格不宜太贵。早餐的各种菜品定价不能太高,又要简单,便于结算,做到价廉物美。大多数顾客不愿意在早餐上花很多的钱来餐厅消费。

3. 中式早餐零点菜单实例

表 3-1　某餐厅中式早餐零点菜单

单位:元

冷菜(小菜)类			
名称	售价	名称	售价
什锦酱菜	3.00	咸鸭蛋	7.00
盐水花生	7.00	韩国泡菜	8.00
开洋荠菜	8.00	腌菜千张	8.00
五香茶叶蛋	5.6.00	红油鱼片	15.00
麻辣牛肉	15.00	葱油海蜇	18.00
点心类			
油条	5.6.00	芝麻汤圆	8.00
萝卜丝酥饼	8.00	素菜包子	8.00
花卷	5.6.00	豆沙包子	8.00
猪肉包子	10.00	枣泥拉糕	8.00
蒸饺	10.00	小笼汤包	12.00
纯粉虾饺	15.00	三丁包子	15.00
粥　类			
大米粥	2.00	小米粥	3.00
皮蛋粥	4.00	红豆粥	4.00
牛肉粥	5.6.00		
面条类			
牛肉面	15.00	雪菜肉丝面	15.00
虾仁面	18.00	三鲜面	15.00
虾肉云吞	15.00		
饮料(含水果)类			
绿茶	10.00	红茶	12.00
牛奶	12.00	橙汁	12.00
三色水果	15.00		

(二)中式正餐(午、晚餐)零点菜单的设计

1. 中式正餐(午、晚餐)零点菜单的内容

中式正餐零点菜单的类别多种多样,菜品十分丰富,设计内容与菜肴的风

味、餐厅的档次、原料的供应等因素有很大的关联,有的菜单内容按人们就餐的习惯顺序来设计,如冷菜类、热炒类、大菜类、汤羹类、点心类、主食类、甜品类、瓜果类等;有的菜单按原料的种类来设计,如水产类、畜肉类、禽蛋类、蔬菜类、瓜果类等。但大多数餐厅为了方便顾客点菜,往往根据人们的消费习惯来设计菜单,如冷菜类、海味类、河鲜类、畜肉类、禽蛋类、蔬菜类、汤羹类、主食(点心)类、瓜果类,以及预订菜等。

(1)冷菜类。中式正餐的冷菜一般安排15种左右,要求原料有荤有素,烹调方法多种多样,口味、质地也有很大差异,菜品要干爽香嫩、无汤少汁,便于作下酒的菜肴。

(2)海味类。根据饭店的档次一般安排6~15种,选用的原料有鲍鱼、鱼翅、干贝、海参、大龙虾、各种海虾、鱼类等。

(3)河鲜类。一般根据本地区产品的丰富程度安排10~20种,主要选用淡水产品中的各种鱼类、虾类、贝壳类等原料制成。

(4)畜肉类。一般根据顾客喜爱程度安排10~15种,主要选用猪肉、牛肉、羊肉等制成。

(5)禽蛋类。可根据饭店的档次安排5~10种,主要选用鸡、鸭、鹅、鹌鹑、鸽子及禽蛋等制成。

(6)蔬菜类。随着人们的保健意识日益增强,蔬菜类的菜品可安排10~15种,主要选用叶菜类、根茎类、豆制品等制成。

(7)汤羹类。一般安排10种,汤汁要求浓而少油、清淡、利口、色泽鲜艳等。

(8)主食(点心)类。一般安排10~15种,有各种米饭、水饺、包子等。

(9)甜品类。一般安排3~5种,有甜汤、甜食、冰激凌等品种。

(10)瓜果类。一般安排3~5种,由各种水果、瓜类组成,也可由多种瓜果组成三色拼、四色拼的拼盘供顾客点菜用。

(11)预订菜。对一些名贵的菜肴或是加工烹调时间比较长的菜肴,要求顾客提前预订,便于厨师精心加工、烹调,保证供应。一般安排3~5个品种为宜。

2. 中式正餐零点菜单设计中的注意事项

要根据本企业规模、档次、就餐者的消费水平等因素精心设计,一般应注意如下几点:

(1)菜品的数量要与餐厅的规模相适应。规模较大的餐厅的类型和品种可多一些,一般控制在120~180个菜品为宜;规模相对小一些的餐厅,一般控制在60~100个菜品为好。菜品太多或太少都会影响顾客的消费。

(2)菜品的档次要与餐厅的档次相适应。在一个档次较低的餐厅,设计菜品档次相应要低一些,如设计很高档的菜肴,可能无人问津,因为人们不愿意花很多的钱在一个档次较低的餐厅消费。档次较高的餐厅,设计菜品的档次相应要高一些,否则很难满足一些高消费人群的消费要求。

(3)菜品的分量与顾客的需求相适应。零点菜单一般 1 人或几人在一起用餐,所以每一个菜的分量最好可分大、中、小三个档次为好,人少可选用小份,人多可选用大份。

(4)菜肴的品种要以饭店常用菜、特色菜为基础。以常用菜、特色菜品为主,但必须保证供应,如增加新品种,以时令菜、节令菜、特选菜等形式加以补充,从而使菜单达到常变常新的要求。

3. 中式正餐零点菜单设计实例

表 3-2　某四星级饭店中式正餐零点菜单(江苏风味为主)

单位:元

冷菜类			
名称　　　　售价	小份	中份	大份
白斩鸡	15.00	30.00	45.00
盐水鸭	18.00	36.00	54.00
五香牛肉	20.00	40.00	60.00
拌双脆	25.00	50.00	75.00
糖醋时蔬	10.00	20.00	30.00
卤冬菇	20.00	40.00	60.00
皮蛋拌豆腐	15.00	30.00	45.00
双黄腐皮	16.00	32.00	48.00
三色拼盘	30.00	—	—
四色小碟	80.00	—	—
八色小碟	160.00	—	—
海味类			
鱼翅捞饭	320.00	—	—
菜胆扒鲍脯	380.00	—	—
香炸虾球	40.00	80.00	120.00

续表

海味类			
名称 ＼ 售价	小份	中份	大份
虾子海参	120.00	240.00	360.00
锅贴干贝	80.00	160.00	240.00
鸡粥鲍翅	120.00	240.00	360.00
双味大虾	520.00/千克	—	—
清蒸黄鱼	240.00/千克	—	—
豆豉鲳鱼	80.00/千克	—	—
河鲜类			
清炒虾仁	40.00	80.00	120.00
虾仁炒蛋	38.00	70.00	110.00
炒软兜	38.00	70.00	110.00
香炸银鱼排	48.00	90.00	150.00
脆皮鱼条	50.00	100.00	150.00
豉汁蒸鮠鱼	30.00	60.00	110.00
葱油鲜鱼	28.00	55.00	110.00
红烧划水	28.00	55.00	110.00
糖醋鳜鱼	58.00	110.00	170.00
生炒甲鱼	30.00	60.00	90.00
畜肉类			
无锡排骨	28.00	50.00	75.00
黑椒牛柳	38.00	75.00	110.00
冬笋肉丝	28.00	50.00	75.00
冰糖扒蹄	18.00	36.00	48.00
清炖狮子头	18.00	36.00	48.00

续表

畜肉类			
名称＼售价	小份	中份	大份
椒盐排骨	15.00	30.00	45.00
砂锅羊肉	20.00	40.00	60.00
香酥羊肉	18.00	36.00	54.00
禽蛋类			
八宝鸡翅	18.00	36.00	54.00
酱爆鸡丁	30.00	60.00	90.00
香酥鸭子	38.00	76.00	115.00
西芹烧鸭片	38.00	76.00	115.00
金陵乳鸽	18.00	36.00	48.00
双冬鹌鹑	18.00	36.00	48.00
宫保鸡丁	30.00	60.00	90.00
海鲜蒸蛋	12.00	24.00	36.00
蔬菜类			
蘑菇时蔬	20.00	40.00	60.00
雪菜冬笋	18.00	36.00	48.00
肉末粉丝	16.00	32.00	48.00
两虾豆腐	30.00	60.00	90.00
红烧豆腐	20.00	40.00	60.00
冬菇面筋	20.00	40.00	60.00
椒盐土豆条	18.00	36.00	48.00
麻辣豆腐	20.00	40.00	60.00
清炒时蔬	18.00	36.00	48.00
开洋萝卜条	16.00	32.00	42.00

续表

汤、羹类			
名称 ＼ 售价	小份	中份	大份
榨菜肉丝汤	18.00	36.00	48.00
木耳鱼圆汤	36.00	72.00	108.00
鸡蓉粟米羹	36.00	72.00	108.00
芙蓉烧鸭羹	36.00	70.00	108.00
干贝鱼蓉羹	40.00	80.00	120.00
素菜豆腐汤	20.00	40.00	60.00
酸菜鱼汤	30.00	60.00	90.00
酸辣汤	26.00	50.00	100.00
鸡火炖甲鱼	80.00	160.00	240.00
鸡汁菌菇汤	48.00	96.00	140.00
主食（点心）类			
什锦炒饭	28.00	56.00	90.00
海鲜焗饭	48.00	96.00	120.00
素三鲜炒面	28.00	56.00	80.00
鱼汤小刀面	12.00	—	—
豆沙春卷	10.00	20.00	30.00
素菜包子	4.00/两个	—	—
豆沙包子	6.00/两个	—	—
三丁包子	7.00/两个	—	—
三鲜水饺	12.00	24.00	36.00
菜肉水饺	10.00	20.00	30.00

续表

甜品类			
名称　＼　售价	小份	中份	大份
八宝甜饭	10.00	—	—
红枣泥	6.00	—	—
冰糖银耳	10.00	—	—
冰糖哈士蟆	60.00	—	—
瓜果类			
三色水果拼盘	10.00	20.00	30.00
四色水果拼盘	12.00	24.00	36.00
什锦水果拼盘	15.00	45.00	60.00
预订菜			
叉烧桂花鸭	100.00/只	—	—
什香煨鸡	80.00/只	—	—
酥皮海味	50.00/罐	—	—

（三）中式夜宵零点菜单的设计

1. 中式夜宵零点菜单的内容

中式夜宵零点菜单在菜肴的品种上与中式早餐、正餐的零点菜单有一定的差别，其菜品由冷菜、热菜、粥品、面点等组成。夜宵菜点要求每份数量不宜太多，价格不宜太高，以易消化、多营养为好。其主要内容如下：

（1）冷菜：以烧、腊、卤等烹调方法为主，原料荤素兼有，口味多种，根据餐厅规模大小一般安排 10 个品种左右。

（2）热菜：以炒、烧、煮、炖、焖等烹调方法为主，菜品要求富有营养，易消化吸收，以滋补的调料或配料为好，菜品一般控制在 25 个品种左右。

（3）面点：一般以当地的风味小吃为宜，各种点心形状不宜太大，每份的数量不宜太多，要小巧玲珑、精致美观。品种一般控制在 10～15 种。

（4）粥品：夜宵的粥品很有讲究，可以把几种原料放在一起加热，使其营养成分互补，提高原料的食用价值。粥品一般安排 5～8 种为好。

（5）瓜果类：一般安排 3～5 个品种。

2. 中式夜宵零点菜单设计中的注意事项

在设计中要根据用餐对象,认真研究菜品的质量、价格是否符合用餐者的需求,主要注意如下几点:

(1)要注意分析每天来就餐的人群。必须了解每天来餐厅消费的人群中是青年人多,还是中老年人多;是来消遣的人多,还是为果腹的人多。青年人精力充沛,夜生活丰富,喜欢与恋人、同学、同事来餐厅消费,他们喜欢食一些新、奇、特的菜品;而来餐厅消费的中老年人绝大多数都是加班族或是有其他目的来餐厅消费,他们要求菜肴价廉物美、服务快速等,所以要根据不同的就餐人群和要求来设计菜单。

(2)要注意分析菜肴的质量。夜宵的质量直接关系到饭店的经济效益,要对夜宵每一个菜品的质量进行全面分析,了解哪些菜点顾客喜食用,点击率比较高,哪些菜点顾客不太喜欢,点击率很低或无人问津。为此,在设计时,要经常作必要的调整。另外,对每个菜肴的主配料的搭配、调味料的比例、菜肴的数量及温度、色泽等方面都要作认真的分析,并加以改进提高,以满足消费者的需求。

(3)要注意分析菜肴价格的合理性。夜宵零点菜单价格不宜太高,因为人们视夜宵是正餐的补充,不希望在夜宵上花很多钱来消费。所以,在设计菜单时,对每一份菜品定价要恰到好处,价格要合理,数量不宜太多,原料要新鲜,营养搭配要均衡,使客人感到夜宵的菜品物有所值,愿意来消费。

3. 中式夜宵零点菜单设计实例

表3-3　某餐馆夜宵零点菜单

单位:元

多味冷菜			
名称	售价	名称	售价
茶叶鸡蛋	12.00	盐水肫	18.00
沙拉牛肉	28.00	卤水鹅掌	28.00
蒜泥黄瓜	12.00	酸辣白菜	12.00
五香豆腐	12.00	咖喱冬笋	16.00
姜汁熏鱼	28.00	麻辣鸡丝	22.00
滋补热菜			
白灼基围虾	98.00/500 克	青椒炒螺片	38.00
酱汁排骨	28.00	西芹炒牛柳	28.00

续表

滋补热菜			
名称	售价	名称	售价
鱼香肉丝	24.00	酸菜炒肚片	28.00
清炒时蔬	12.00	麻婆豆腐	12.00
青椒煎鸡蛋	16.00	开洋煮干丝	14.00
五香卤干	12.00	OK 汁凤爪	12.00
豉汁蒸排骨	16.00	香炸脆乳鸽	24.00
金腿炖水鱼	26.00	西参炖乌鸡	28.00
桂圆炖乳鸽	18.00	枸杞炖牛鞭	22.00
酸菜炖白鳝	18.00	荔芋扣肉煲	28.00
文蛤豆腐煲	28.00	肉末粉丝煲	18.00
精制美点			
开洋馄饨	6.00	五味甜汤	8.00
赤豆元宵	8.00	米粉糕	6.00
马蹄糕	4.00	咸水角	5.00
虾饺	6.00	莲蓉千层酥	6.00
鱼汤小刀面	9.00	香炸脆奶	6.00
金银馒头	4.00	椰蓉糍团	6.00
莲蓉小包	6.00	炸春卷	5.00
应时小包	6.00	烧鸭炒饭	8.00
咸鱼炒饭	8.00	扬州炒饭	8.00
营养粥品			
桂圆红枣莲子粥	10.00	葱花鱼片粥	8.00
皮蛋瘦肉粥	8.00	菜心烧鸭粥	8.00
多味麦片粥	7.00		

续表

瓜果			
名称	售价	名称	售价
三色水果拼	15.00	三色瓜果拼	16.00
四色水果拼	18.00	四色瓜果拼	20.00
什锦水果拼	50.00		

第三节　制作零点菜肴的注意事项

零点菜肴与团体套餐、各种宴会菜肴在制作方法上有很大的差异。零点菜肴根据客人的喜好现点现制,而团体套餐、各种宴会菜肴根据预先设计的菜单,可预先准备,预先制作。所以,我们在制作零点菜肴时,要注意下列事项。

一、抓好烹饪原料的采购工作

零点菜肴的质量好坏,在很大程度上取决于烹饪原料的质量和数量。我们要根据零点菜单中每个菜品的质量要求,对所要采购的各种原料做出详细的规定,如原材料的品种、产地、商标、等级、性能、大小、数量、色泽、包装、冷冻状态、鲜活程度等。使用规格、质量始终如一的食品原料是保证零点菜肴质量的有效措施。所以,在采购中要抓好如下几点:

(一)控制原料的采购质量

要控制好原料的采购质量,就要制定好食品原料采购规格标准单。应根据市场实际供应情况,由厨师长、食品成本核算员和采购人员一起研究,力求把所需采购原料的各种规格标准制定得科学、准确、切实可行,并一式多份,分送到厨房、食品原料验收人员、采购人员、供货商等人员手中,目的有如下几点:

(1)促使厨房工作人员认真仔细思考每个菜品所需的各种食品原料的具体质量要求,有利于操作,保证菜肴的质量。

(2)防止采购人员盲目或非正当地采购,造成原料的浪费或不新鲜,增加企业的成本,影响菜肴的质量。

(3)提高供货商的服务意识和竞争意识,使他们明确原料的质量标准,促使他们努力组织质量上乘的货源,并相互竞争,比质比价,有利于菜品质量的提高和成本的下降。

(4)规范食品原料的验收标准,这样有利于食品验收员按食品原料规格标准单来验货,它既是原料验收的重要依据,又是保证原料质量的重要手段。

(二)控制原料的采购数量

由于零点菜单所需原料品种多、批量少,每天菜品的供应量很难准确估计,所以,控制原料的采购数量十分重要。如某一菜品采购的原料过少,就无法保证供应,因此,在制定原料采购数量订购单时,要认真考虑冰库和仓库的存货量及零点菜单中每一菜品的销售情况,并从中找出一些规律,对各种原料的采购确定最高或最低量。具体应考虑以下几方面因素:

(1)产品的销售因素。当某一菜品销售量不断增大或突然增大时,这一菜品所需原料采购量要有所增加;当某一菜品销售量较少或逐渐下降时,这一菜品所需原料采购量要有所减少。

(2)原料的储存因素。在制定各种食品原料采购量时,还要考虑冰库和仓库的储存因素,如某一原料储存量多或少,其采购量就要相应地减少或增加,同时还要考虑仓库和冰库的设施与承受能力,防止由于原料采购过多造成能源损耗或原料损坏变质。

(3)市场的供求因素。市场的原料供应往往受季节、货源的供求变化等因素的影响,因此,对可能发生短缺的原料,应及时调整采购周期或库存量。

(三)控制原料的采购价格

要使每个菜品既要保质保量,还要达到一定的盈利,控制原料的采购价格是首要环节,具体可采取以下几种方法降低原料的采购价格:

(1)限定原料的采购价格。要对多个市场的原料进行价格调查,提出各种原料购买的限价。采购人员在采购原料时,只能在规定的价格范围内采购,以保证零点菜单上每个菜品的原料成本不超过预定的成本。

(2)限定原料采购的渠道和范围。为了使原料的质量与价格相对稳定,许多餐饮企业限定在一些指定的集市或供货单位采购原料,并事先同这些单位签订一些购货合同。

(3)限定大宗和贵重原料的购货权。大宗和贵重原料的价格是构成产品成本的主体,购买这些原料,必须预先制定采购报告,确定购买原料的品种、数量、价格及购货单位,限定报告审批权,有效控制盲目采购和非正常采购,使菜肴成本得到有效的控制。

二、抓好烹饪原料的加工、切配工作

在制作零点菜肴过程中,原料的加工、切配是重要的一环,它不仅是决定每份菜肴的质量和成本的关键,而且也是决定餐饮企业在经营中能否盈利的主要因素。所以,应该掌握原料的加工方法和切配方法。

（一）掌握烹饪原料的加工方法

零点菜肴在制作过程中，无论是对原料的初步加工，还是精细加工，其加工的规格质量和出品的时效对下一道生产工序都有着直接的影响。所以，在加工过程中应注意如下方法：

（1）控制原料的加工数量。每天各种原料加工的数量要以每天的销售量为依据，避免加工过多造成原料质量降低，而加工过少又不能满足经营需求，因此，要有计划、有目的地控制数量。

（2）提高原料的加工质量。一是要讲究各种原料的加工方法，二是要讲究每种原料加工的出净率及标准等要求。如在加工冰冻原料或是鲜活原料时，加工方法就十分重要，冰冻原料的解冻切不可操之过急，如果将冰冻原料直接放在热水中化冻，会造成原料外部未烹调已半熟，而内部仍冻结如冰，严重地影响原料的营养、质地和感官指标。如果将解冻的原料置于10℃以下的空气或水中慢慢解冻，不但可恢复原料到新鲜软嫩的状态，而且能减少汁液的流失，保持原料的风味和营养。鲜活原料也十分讲究，如新鲜蔬菜的加工，除掌握各种蔬菜加工方法外，还要防止营养成分的流失，做到先洗后切，不可将加工后的原料长期暴露在空气和阳光下，也不可一次加工过多，造成变质而浪费；对一些活禽、活鱼的加工更要根据烹调的需求，掌握加工的程序和方法，保质保量。

（3）制定原料的加工程序。在加工每一种烹饪原料时，都要制定加工的程序及加工的标准和要求，将所需的猪、牛、羊等肉类原料进行不同的洗涤及分档取料，有的原料经精加工后需挂糊上浆，剩余部分用保鲜膜分别封好，根据用途分别放置冷藏库或冷冻库待用。

（二）掌握烹饪原料的切配方法

零点菜肴切配阶段是决定每份菜肴用料的质量和数量的关键，也是加强菜肴成本控制的重要阶段。主要应掌握如下几种方法：

（1）明确每份菜品组成的数量。零点菜肴在切配时，要严格按零点菜单设计的要求来执行，尤其在组配的数量上要心中有数，不可疏忽大意，随心所欲，缺斤少两，或大大超标，必须按标准菜单的规定来切配每一份菜品，每份菜品的主、配料都需用秤称量，做到准确无误，确保就餐者的利益和饭店的利益。

（2）明确每份菜品的质量。菜品的质量一旦确定后，应始终如一，如切配一份冬笋炒肉丝，规定肉丝150克，冬笋丝50克，其主配料的比例是3∶1，在日常经营时，主配料的比例不可忽多忽少，否则很难确保每份菜品的质量。

（3）明确每份菜品的切配程序。零点菜肴的切配必须按操作程序进行，尤其在经营的高峰期间，往往出现配错菜、配重菜、配漏菜等不良的现象，严重影响正常的工作秩序，如主料有的要挂糊上浆，有的要加工成各种形状，有的要进行初步熟处理等。配料(料头)预先切配成形,做到数量适当、品种齐备,满足开餐配菜的需求。

三、抓好菜肴的烹调工作

零点菜肴的烹调阶段是确定菜肴色、香、味、形、质的重要阶段,也是保证菜品质量的关键。因此,我们必须认真加以研究,掌握菜肴烹调中的操作程序,使零点菜肴制作达到满意的效果。

(一)规范冷菜的烹调操作

零点菜肴中的冷菜要求出品及时,一般都在热菜前上桌,所以,在烹调时要注意如下几点:

(1)注重烹调方法。冷菜一般都具有开胃、佐酒的功能,要求汁少味浓、风味独特、口味醇正、越嚼越香。所以,在烹调时,要根据各种冷菜的特点,区别对待。

(2)要注意造型和色彩。对冷菜装盘要整齐划一,如几个冷菜分量应大小一致,不可一盘太多,一盘太少。冷菜的色彩也要讲究,色泽要鲜艳,几个冷菜组合在一起,颜色应多样,红、绿、黄、白等色彩均有。总之,要给人一种整齐美观、色泽鲜艳之感。

(3)要注意数量和质量。我们要根据零点菜单所规定的要求制作。选好盘碟,认真装置,应以适量、饱满、卫生为标准。

(二)规范热菜的烹调操作程序

零点菜肴的烹调不可大批生产,一般现点现烹,少量勤烹。规范热菜烹调操作程序,具体应做到如下几点:

(1)做好调料的整理。在每次开餐之前,必须对调味品加以整理,做到调料罐放置正确,使用方便,数量适当;固体调料无杂物,不受潮,颗粒分明;液体调料无油污,清洁卫生;调味品品种齐全,口味醇正;烹调用汤,清汤清澈见底,白汤浓稠乳白。

(2)做好初步熟处理。零点菜肴的烹调,在开餐前必须做好初步熟处理的工作。如植物类原料经过焯水色泽鲜艳,质地脆嫩,动物类原料经过焯水要去尽血污和腥味。加热半成品的原料要恰到好处,符合正式烹调的要求。

(3)做好菜肴的烹调。零点菜肴的烹调,基本上是一份一份地制作,为了保证每份相同的菜肴口味一致,调味的用料必须准确,口味、色泽要符合菜品设计的要求。

(三)规范点心的烹调操作

在零点菜单中点心占一定的比例,在制作点心时,同样要严格按照制作点心的程序和标准去操作。

(1)点心馅心的制作。点心馅心的制作是决定点心质量好坏的关键。应当根据零点菜单的点心品种,调制好各种点心馅心,要按比例、标准、程序调制每一种点心的馅心。

（2）点心面团的调制。制作点心的面团很多，有发酵面团、米粉面团、油酥面团、纯粉面团等，应该根据各点心对面团的要求，认真掌握面团的水粉比例、稀稠程度、调制时间等方面的技术，使各种面团有利于包馅、有利于成型。

（3）制作点心的烹调方法和时间。对制作点心的各种烹调方法，要全面掌握其操作的关键，明确加热的时间，规定点心成品的数量和质量。

总之，零点菜肴的制作从采购→加工→切配→烹调等，每一步骤都有一定的标准和要求。设计和操作人员只要严格执行这一标准，就会使零点菜肴越做越好。

本章小结

　　本章较全面地阐述了零点菜单的种类与特点，并根据各种零点菜单的用途，提出设计的具体要求与方法，尤其对中式早餐、正餐、夜宵的零点菜单设计内容、注意事项、有关实例进行详细的说明，做到理论联系实际。在零点菜肴制作中，还强调了从原料的采购、加工、切配到烹调等方面应掌握的程序、方法等，使读者通过学习可以较好地掌握零点菜单的设计与菜肴制作的注意事项。

【思考与练习】

一、职业能力应知题

1. 零点菜单的种类有哪些？
2. 零点菜单有哪些特点？并举例说明。
3. 设计零点菜单的要求有哪些？
4. 设计中式早餐零点菜单应注意哪些事项？
5. 简述中式正餐零点菜单的主要内容。

二、职业能力应用题

1. 根据当地人的饮食习惯及生活水平，设计一份春季中式午餐零点菜单。菜品不少于20种。
2. 设计中式正餐（含午、晚餐）零点菜单时应注意哪些事项？为什么？
3. 制作热菜零点菜单时，应做好哪几方面的工作？为什么？

第 *4* 章

套餐菜单与菜品设计

学习目标

- 全面理解套餐菜单的概念
- 了解普通套餐菜单与菜品的设计特点和要求
- 了解团体套餐菜单与菜品的设计特点和要求
- 掌握普通套餐、团体套餐菜单与菜品设计和制作注意事项

　　套餐菜单,又称定菜菜单或和菜菜单,它通常是指把客人一餐饭所需的菜肴、点心或饮料等组合在一起,以包价形式销售。套菜菜单是许多餐饮企业为了经营的需要,迎合顾客的各种需求,增加餐饮收入而设计的。根据接待的对象和人数,套餐菜单可分为普通套餐菜单和团体套餐菜单。

第 一 节　普 通 套 餐 的 设 计

　　普通套餐菜单根据所要求的菜肴的风味来分,可分为中餐套餐、西餐套餐以及中西合璧套餐三种;根据用餐的餐别可分为早餐套餐、正餐(午、晚)套餐和夜宵套餐。

　　中餐厅的套餐多见于饭店的快餐厅、风味餐厅等,他们为了满足顾客的需求,增加营业收入,纷纷推出各种普通套餐菜单。中餐套餐菜单在内容上是由冷菜、热菜、汤、主食等组成,有的还配备适量的点心和水果。

一、普通套餐的特点

　　随着社会的发展,人们工作节奏逐渐加快,普通套餐菜单也因其实惠、便捷、营养而逐渐被大众所接受。

(一)经济实惠,价廉物美

普通套餐的设计通常选用一些为大众所熟悉的菜品,容易被顾客接受,但在设计中十分讲究。无论是单个菜品的色、香、味、形,还是整套菜品的组配都要求科学合理,并且普通套餐的整体价格比零点菜肴的价格便宜。客人在消费此套餐时,3~5人在一起用餐,不仅能品尝到脍炙人口的美味佳肴,而且品种齐全,既有冷菜、热菜,又有汤、点心、水果等。

(二)方便快捷,节省时间

由于普通套餐菜单在设计时,充分研究了消费者的心理,针对顾客的不同需求,编制了许多不同种类、不同档次的套餐菜单供顾客选择,所以客人在餐厅消费时,只要从这几类套餐菜单中,根据自己的喜好选一种就可以了,简便快捷,从而节约了点菜时所耗费的时间。

(三)菜品适量,便于制作

在安排菜品时,不宜安排很多菜式,以实用、够用为原则。通常,套餐菜单中的菜品安排根据用餐人数,一般安排1~4个冷菜,2~5个热炒菜和1个汤,再适量地配一些开胃小菜、点心和水果。同时,套餐菜单中的菜品一般都预先作了准备。选择普通套餐菜单的顾客都有一个共同的特点,那就是追求便利、快捷、实惠的饮食心理。所以,套餐菜品的制作工艺不必太复杂,否则既造成人力浪费,又容易耽误客人时间,最终导致客人易地就餐。

(四)组配巧妙,科学搭配

每一套套餐中的菜品组配巧妙、科学合理。原料一般有虾、蟹、牛肉、豆腐、丝瓜、板栗、包菜、水果、面食等;菜品味型有酸辣、咸鲜、麻辣等;烹调方法有烧、滑炒、炸、泡、盐水煮等。每一套餐菜单中,人体需要的各种营养素都有,可满足不同客人的不同需求。

(五)形式多样,利于销售

普通套餐是酒店内促销的一种既经济方便又富有成效的促销方式。因为普通套餐的形式随意多变,可以适应不同时期不同人群的需要。根据就餐人数,可以推出三菜一汤套餐、四菜一汤套餐等,且每一种套餐均配以冷菜、热菜、主食、水果等;也可以根据不同类型的人的需求,推出儿童套餐、老人套餐、糖尿病人套餐等;还可以根据不同的节日推出节日套餐,如春节年夜饭套餐、情人节套餐、中秋节套餐等;同时,酒店还可以在生意比较清淡时,适时地推出各种风味套餐,增加酒店的收入。

二、普通套餐的设计要求

(一)要迎合人们的各种饮食需求

人们进入餐厅消费无非有两个目的:一是摄取食物中的营养物质,满足人体的生理需求;二是品尝菜点,满足各种饮食心理。如有的客人在消费时要求食物价格合理、菜品美观实用;而对一些特殊的消费群体来讲,他们还期盼菜肴时尚、新颖、便利。所以,酒店在进行套餐设计时,要尽量考虑这方面因素。首先,定价时要充分考虑消费者的购买能力,定价要科学合理;其次,在设计菜品时,应尽量选择一些大家比较喜爱的菜肴,在制作时要严格把关,保证菜肴的质量;最后,在进行套餐设计时还应考虑不同消费群体的需求,设计各种类型的菜单,如设计"中西合璧套餐""情人套餐"等,以满足年轻人追求时尚的饮食心理;设计"怀旧套餐"以满足游子的思乡之情。总之,只有迎合顾客消费心理的套餐才能吸引大批消费者,给饭店带来客源。

(二)要迎合市场需求

在设计套餐时要主题明确,要有针对性地选择菜品,编制菜单,以迎合不同的推销场合,使饭店获利。所谓主题明确,就是要求每一种普通套餐要有一个明确的主题,要有针对性,而这个主题是要对目标市场进行细致、科学、系统的研究之后才能确立的,千万不能凭空杜撰,随意确定主题。

例如,南方每年的三、四月是江鲜、河鲜的上市旺季,酒店可以适时地推出以江鲜、河鲜为主题的套餐,以满足消费者追求时尚、新颖的心理。又如,各个城市中写字楼林立,各种商务客人较多,酒店可针对这类客人的消费特点,适时推出"公司菜"("公司菜"又称"商务套餐",它是一类经济、实惠、便利的普通套餐)。当然,针对国内外众多的传统节日,各个酒店也可不失时机地推出各种节日套餐。

(三)要考虑膳食营养平衡

在进行套餐设计时,必须充分考虑人体营养的需要,将所安排菜品中的营养素的种类、比例、数量和人体需要相比较,要种类齐全、比例恰当、数量充足,符合平衡膳食的要求。原料不同,其所含的营养素也不同,所以,在选择菜品时,不仅要选择富含蛋白质、脂肪的鱼、虾、肉类菜肴,而且还要选择富含维生素、矿物质的蔬菜、水果。

(四)要适应竞争需求

众所周知,当今的餐饮市场竞争非常激烈,菜品的创新和特色是经营取胜的关键。因此,作为酒店促销形式之一的普通套餐,其菜品的设计要尽量选择将本饭店或餐厅的特色菜肴列入菜单,只有形成特色,才能促使消费者慕名而来,才能发扬餐厅之长,增强竞争能力。所谓特色,是指在烹饪方法、风味特点、服务形式等方面,人无我有,或人有我优。例如,苏州松鹤楼的松鼠鳜鱼和北京全聚德的北京烤鸭闻名全国,这些饭店或餐厅在设计套餐菜单时均将这些特色菜列入菜单,它们也都因此赢得很多客源。

(五)要适应餐饮变化的需求

普通套餐菜单的设计也要和其他菜单的设计一样,内容要灵活多变,注意花色品种的搭配。菜单中的菜肴要经常变换,推陈出新,经常给客人以新的感觉,满足客人追新求异的心理需求。

应根据季节变换适时补充一些新鲜的时令菜,换掉一些过时的菜品,使菜单能反映季节的特色。季节不同,人们对菜品的口味要求也不同,冬季人们喜欢吃一些口味较浓的菜肴,诸如红烧牛肉、炖生敲之类的菜品;夏季人们则喜欢吃口味比较清淡的菜肴,如各种清炒时蔬等。菜品的更换还应适应餐饮的新形式,补充一些流行菜式,换掉一些过时的旧菜式。所谓流行菜,是指菜品以其独特的用料、搭配、造型、口味、款式以及风格而在一个时期内得以迅速传播和盛行。

三、普通套餐的设计方法

(一)早餐套餐菜单的设计

1. 早餐套餐的内容

当前饭店里的早餐套餐可分为三种:纯中式早餐、西式早餐和中西混合的早餐。但无论是哪一种,它的内容通常由主食、副食、小菜、蔬菜和水果等组成。常用的主食有稀饭、面条、面包、馒头以及各种风味小吃等;副食通常有鸡蛋、火腿、牛奶、豆浆等;小菜可以用各种咸菜、冷菜等;蔬菜和水果可以根据季节适当搭配。

2. 早餐套餐设计的注意事项

(1)品种要齐全,搭配要合理;

(2)菜点的数量要适当,以满足人们的营养需求;

(3)根据不同的人群,准备多种套餐,以迎合他们的不同需要;

(4)必须要有蔬菜和水果,以提供人体必需的各种维生素和膳食纤维。

3. 早餐套餐菜单实例

表4-1 西餐早餐套餐菜单实例

早餐类别:美式早餐　　　　　　　　　　　　　　　　售价:28.00 元/人

中文名称	英文名称
自选果汁	Your Choice of Juice
各式鲜蛋配火腿、咸肉、香肠	Two Fresh Farm Eggs, any Style with Bacon, Sausage or Ham
烤面包配黄油、果酱	Basket of Homebaked Pastries with Preserves and Butter
新鲜咖啡、中国茶,或热巧克力	Freshly Brewed Coffee, Chinese-tea, or Hot Chocolate

表 4-2　中餐早餐菜单实例

售价:25.00 元/人

中文名称	英文名称
开胃小菜	Appetizer
皮蛋瘦肉粥	Congee with Preserved Egg and Pork
馒头	Steamed Buns
煎鸡蛋	Fried Egg
清炒时蔬	Sauteed Seasonal Vegetables
时令水果	Fresh Fruit

(二)中餐正餐(午、晚餐)套餐菜单的设计

1. 菜单的内容

中餐正餐套菜的内容包括冷盘、热炒、大菜、主食、汤、点心和水果等。各个菜点的数量要根据用餐的人数合理安排。以 5~6 人为例,一般来说,冷菜 3~4 个,热菜 5~7 个,再配上一道汤、两道点心、一道蔬菜和简易水果拼盘即可。

2. 菜单设计的注意事项

(1)菜单中菜品的顺序要严格按照正常就餐的顺序进行编排;

(2)菜肴的品种要满足人们对菜肴的营养、口味、质感的不同追求;

(3)根据用餐者的就餐目的和要求选择合适的菜品;

(4)套菜菜单中的菜品应做好成本核算工作;

(5)菜品的选择还要考虑本餐厅的厨师力量、厨房设备以及原料供应等因素。

3. 菜单的实例

表 4-3　某餐厅中餐正餐套餐菜单实例

用餐人数:2~3 人

售价:38.00 元/人

冷　　菜	韩国泡菜　　盐水鸭
热炒菜	虾蟹两鲜　　蚝油牛柳
蔬　　菜	栗子丝瓜　　麻辣豆腐
汤	萝卜连锅汤
点　　心	金银馒头
水　　果	简易水果拼盘

(三)中餐节日套餐菜单的设计

1. 菜单的内容

节日套餐菜单的内容和正餐套餐菜单一样,仍是由冷菜、热菜、大菜、汤、点心和水果组成,只是在菜品安排上要紧扣节日的主题选择菜品。

2. 菜单设计的注意事项

(1)节日套餐菜单的设计要紧扣节日的主题;

(2)菜单上菜品的顺序要严格按照正常的就餐顺序进行编排;

(3)菜品的命名要有艺术性,要有庆祝、吉祥之意;

(4)要选择时令原料制作菜肴。

3. 中餐节日套餐菜单实例

表4-4 某餐厅春节年夜饭套餐菜单实例

用餐人数:5~6人 售价:388.00元

菜肴名称	菜肴喻名
潮式卤水拼盘	丹凤迎春
山药烤鸭羹	压岁羹
蒜蓉开片虾	全家欢乐
御膳一品煲	幸福团圆
发菜猪手	发财入手
干烧鳜鱼	年年有余
香菇菜心	玉树金钱
野山菌炖竹丝鸡	祝君平安
点心和水果拼盘	春色满园

四、制作普通套餐菜单的注意事项

管理者根据普通套餐菜单的内容,首先对餐厅和厨房的人员进行科学合理的组织,把适当的人员安排在合适的岗位上,明确任务,合理分工。餐厅和厨房的工作人员则按照所分配的任务,各尽其职,各负其责。

(一)科学组织货源,保证原料供应

保证菜肴供应的第一步是保证原料的供应。厨房首先按照各类套餐菜单的要求,确定各种原料的质量,根据经营状况,预先确定采购的数量;其次,通过采购申请单向食品采购部门提出购货要求,采购部门接受订货申请后,通过正式的订货手续,选择采购渠道进行采购活动。厨房在下订料申请时,一定要准确写明原料的质量、规格、数量和到货时间,而采购部则要严格按照采购程序把握采购原则,保质、

保量、按时地提供原料给厨房,这是保证菜肴供应的关键所在。

(二)严谨原料加工,保证菜肴质量

原料的初步加工是保证菜肴质量的前提,它直接影响着后面的工序。首先,要根据套餐菜单的要求严格操作程序,同时还要根据对客情的预测控制原料加工的数量。普通套餐虽然制作工艺繁杂,但绝不能因此而降低原料的加工标准,相反则更应该按照操作程序进行,保持原料的营养成分,符合卫生要求和烹调要求。普通套餐菜单中也用高档原料,多为鱼肚、鲍鱼、海参等高档海产品。此类原料必须从干货原料的涨发、加工、烹调等方面认真操作,保证菜品质量。另外,普通套菜是酒店为了增加收入而推出的既经济方便又富有效果的一种促销方式,因此,酒店绝不能降低对套餐菜肴的质量要求。原料的初步加工不仅要针对菜肴的烹调方法进行合理的加工,以保证菜肴的质量,而且还要合理使用原料,做到物尽其用,以降低菜肴成本,提高企业利润。

(三)合理组配菜肴,平衡膳食品种

饭店制定的标准菜谱中通常标明了生产规格即菜肴制作的标准,它包括了加工规格、切配规格、烹调规格,而切配规格主要是对具体菜肴配制规定用料品种和数量。在配制套餐时,应当严格按照切配规格来配菜。配制普通套餐时要根据菜单合理配菜,既要考虑套菜的规格合理选用原料,又要考虑平衡膳食的原则科学搭配原料。另外,由于客人选择套餐和零点一样具有临时性,所以在开餐前可以事先配制几份套餐中的主要菜肴,特别对于那些耐火的、工艺比较复杂的菜肴可事先多准备几份,这样不仅可以节约时间,提高上菜速度,而且可以避免在生意高峰时手忙脚乱。

(四)精心烹制菜肴,保证出菜速度

普通套餐菜肴所针对的顾客大多为追求实惠、便利的顾客,他们要求上菜速度快,这就要求厨房出菜的速度要快。厨房的出菜速度取决于两方面因素:一是厨房的前期准备工作,一是厨师扎实的基本功。厨房开餐前的准备工作很多,如餐具的准备、菜肴的初步熟处理、人员的分工等,但与出菜速度最直接的因素是炉灶间的各项工作。

(五)注重信息反馈,保证经营效益

厨房精心制作的菜肴,只有当客人消费以后才能给饭店带来效益。客人在购买和使用餐饮产品和服务时,餐厅服务人员与客人接触的机会最多。为了使饭店销售更多的产品,赢得更多的效益,餐饮企业大都要求餐厅服务人员除了提供优质的服务之外,还要不断听取顾客对菜肴质量提出的意见,了解客人的需求,有针对性地推销产品。例如电话联系或主动上门征求客人意见等,然后根据反馈信息,认真研究,有针对性地对产品进行改革。

总之,只要注重菜肴质量,恪守"客人是上帝"的理念,想客人之所想,急客人之所急,认真掌握烹饪操作技巧,就会给饭店带来经济效益和社会效益。

第二节 团体套餐设计

团队套餐,是指为旅游团体、各类会议等大规模团体用餐而设计具有一定数量的菜品,并以成套价格方式销售的套餐。团体套餐根据用餐的对象一般可分为旅游团队套餐、会议套餐等。

团体套餐的设计与制作比较复杂,既要考虑团体用餐的特点,又要兼顾客人的具体情况、逗留时间、用餐标准等;既要注意花色品种的合理搭配,又要考虑菜单的变化和翻新。国内流行的团体套餐多以中式菜品为主,偶尔穿插一两道西式菜品。

一、团体套餐的设计特点

(一)批量生产,服务快速

由于团体套餐面对的是各种旅游团体、各类参加会议的人等,就餐人数众多,客人有几十桌,甚至几百桌不等,并且同时用餐。因此,厨房在制作此类菜肴时,每道菜肴均需大批量生产,工作量非常大,而提供给客人的菜肴既要质量好又要保证客人吃饱,这就要求必须精心组织生产。另外,选择团体套餐的客人,其就餐时间短,如旅游团客人用餐后要急着赶往下一景点,参加会议的人员饭后还要开会,因此,上菜的速度一定要快,所有餐桌要同时上菜、同时服务,千万不能让客人等菜。

(二)价格适宜,经济实惠

选择团体套餐的客人大多用餐标准不高,时间紧,因此,不可能有很多时间品尝美味佳肴。针对客人的这种消费需求,餐厅在设计团体套餐菜单时,应根据就餐的规格合理地设计,将一些价廉物美、经济实惠的菜肴列入菜单。

(三)菜品多样,制作讲究

根据就餐标准合理地安排菜单是套餐的共同要求。因此,在设计团体套餐菜单时,要根据客人的饮食需求安排一些大家喜爱的菜肴,品种适中,内容齐全,一般安排4味冷碟(根据具体情况也可适当增减)、5~6道热炒菜、1汤,再配备主食和水果就可以了。虽然团体套餐的价位比较低,且多人同时进餐,但所安排的菜肴在制作工艺上不可过于简单,而应严格按照菜肴制作标准进行,制作要讲究保证质量。

(四)菜单多套,循环使用

在设计团体套餐菜单时,不仅要考虑团体用餐的特点,还要兼顾客人的具体情况,了解客人逗留时间等。饭店为了应对这种情况会事先准备多套不同的团体套餐菜单,循环使用,以确保客人在本餐厅就餐期间,每日、每餐都有不同的菜品供应。同时,餐厅还会准备不同档次的团体套餐菜单,以满足各种团队和会议的不同档次的需求。

二、团体套餐的设计要求

(一)突出风味

由于参加团体用餐的客人来自四面八方,如果在团体套餐菜单中安排了既经济实惠又能体现本地特色的菜肴,甚至是本店的特色菜,那么,不仅可以使就餐者对本饭店留下良好的印象,身心愉悦,而且可以利用众多的就餐者的口碑宣传饭店,以提高饭店的声誉。

(二)要考虑客人的用餐标准和逗留天数

由于各种团队和会议的档次不同,费用各异,所以,餐厅有必要根据不同的用餐标准事先多设计几套不同内容和标准的套菜菜单,以满足不同档次客人的不同消费需求。在设计不同档次的套餐菜单时,菜品的数量可以不变,但质量要有区别。另外,对于在饭店要用多餐的客人,餐厅要事先准备同一档次的套餐菜单多份,以便循环使用,给客人常换常新的感觉。

(三)菜品要富有营养

团体套餐的价格虽然比较低,但菜肴绝不能粗制滥造,相反,要精心设计,满足客人生理和心理需求。提供的餐饮产品品种搭配要合理,要符合膳食平衡的要求。团体套餐仍要具备冷菜、热炒菜、汤、主食等内容,如有必要还可以配备点心、水果,以满足客人的需求。

(四)要有针对性

在旅游团队和会议的参加者中,一般都会有个别客人对某些菜品禁忌或不食,或有某些特殊要求。为此,餐厅要准备一些应急菜品,以照顾客人的特殊需求。比如,日本人喜吃鱼,忌荷花和梅花图案;穆斯林喜吃羊肉,忌猪肉类食品等。另外,在团体就餐者中还存在着个体的差异,如有的是高血脂患者,不能吃脂肪含量高的食物;有的是妇女儿童,喜食酸甜类菜品等。

(五)要富于变化

团体套餐菜单的内容和其他菜单一样,菜品要富于变化。菜品的变化主要体现在如下几个方面:

(1)菜品的原料不同。一般来说,原料不同,菜肴口味各异。

(2)烹调方法多种多样。也就是说,套菜中的各个菜品,要避免因制作方法的单一而导致菜肴枯燥、平淡。

(3)菜肴的口味要多样化。要合理地安排各种口味的菜肴,以免客人厌食。

三、团体套餐菜单的设计方法

团体套餐菜单的设计必须认真分析其特点,掌握其规律。团体套餐的种类很多,现仅介绍如下几种的设计方法。

(一)会议套餐菜单的设计方法

1. 会议套餐的组成

会议套餐的菜点通常包括开胃小菜、热菜、汤、点心、水果等。开胃小菜一般可以安排诸如榨菜、四川泡菜、八宝辣酱以及一些常见的冷菜等;热菜类一般安排一些可以下饭的菜肴,如豆瓣青鱼、鱼香肉丝等,也可以安排一些地方特色菜肴,如在江苏开会,饭店则可安排盐水鸭、松鼠鳜鱼等江苏名菜;而对于汤、点心和水果的安排,应根据具体情况灵活掌握,如水果应视季节而定。

2. 设计会议套餐的注意事项

(1)认真分析参加会议人员的工作地、职业、结构等,了解他们的饮食喜好和禁忌。

(2)应安排一些口味较浓便于下饭的菜肴。

(3)应安排一些大家比较喜爱的且经济实惠的菜肴,如就餐者中外地客人较多,还应尽量安排一些本地特色名菜。

(4)内容要齐全,应含有冷菜、热菜、汤、点心和水果等。

(5)所安排的菜肴要便于大批量生产,即多安排一些烧、蒸、炸的菜肴,尽量少安排炒、煎的菜肴。

(6)菜品的选择仍要考虑同业竞争的因素,多选择一些具有竞争力的菜肴。

3. 会议套餐菜单实例

表4-5 北京某饭店接待国内某会议团体套餐菜单

用餐人数:140人　　　　　　　　　　餐费标准:30.00元/人　 300.00元/桌

冷　菜	Four kinds of Cold Dishes　四味冷碟
热　菜	Sauteed Shredded Bamboo Shoot wish Fish Fillet　茶笋滑鱼丝 Stewed Duckling with Wanton　馄饨鸭 Sweet and Sour Pork　咕咾肉 Three Delicacies and Crispy Rice Soup　三鲜锅巴 Steamed Fresh Water Fish　清蒸河上鲜
汤	Slices Chicken Soup with Asparagus　芦笋鸡片汤
主　食	Fried Rice in Yangzhou Style　扬州炒饭
水　果	Fresh Fruit Platter　时令水果

(二)旅游团队套餐菜单的设计方法

1. 菜单的内容

旅游团队套餐菜单的菜品安排一般以热菜为主,同时还应配备汤、主食等。在团队套餐中,以一桌10人为例,热菜通常安排8~10道,汤1道,主食多为米饭、面条或馒头之类。若客人有需求,还可以安排1~2道开胃小菜或水果。

2. 菜单设计的注意事项

(1)了解每批旅游团队客人的来源及组成,有针对性地设计菜单。

(2)热菜应安排一些富含蛋白质、脂肪、糖等营养素的食物,以补充团队客人因旅游而耗费的能量。

(3)菜品中应安排一些口味较重、便于下饭的菜肴。

(4)菜品中应尽量安排一些当地的特色菜肴或本饭店的特色菜。

(5)由于团队客人就餐非常讲究时效,因此,应选用事先可以准备的菜肴,如蒸菜、炖菜或烧菜等。

3. 旅游团队套餐菜单实例

表4-6 安徽黄山某景点饭店的旅游团队套餐菜单

用餐人数:48人　　　　　　　　　　　　餐费标准:18.00元/人　　180.00元/桌

冷菜小吃	Two Kinds of Snackes　两道开胃小菜
热　菜	Beancurd and Roast Duck Julienne in Soup　翡翠白玉羹 Preserved Duckling with Soy Sauce　无为酱鸭 Scrambled Egg with Fresh Chinese Herb　香椿头煎蛋 Stewed Pork with Bamboo Shoot Huangshan Style　黄山笋烧肉 Double-boiled Spare-rib with Bamboo Shoot　茶笋炖小排 Stewed Chicken with Soya beans　黄豆煲仔鸡 Stir-fried Preserved Hairy Beancurd with Meat Sauce　小煎毛豆腐 Sauteed Wild Spinach with Dried Ham　火腿高山蕨
汤	Bean Curd Soup with Slice Pork Loin and Liver　豆腐肉片猪肝汤
主　食	Rice and Steamed or Deep Fried Buns　米饭、金银小馒头
水　果	Fresh Fruit Platter　时令水果

四、制作团体套餐的注意事项

(一)科学组织货源,保证原料供应

团体客人的就餐活动一般都要提前预订,这样,厨房会有充裕的时间去做准备

工作。采购部根据要求科学地组织货源,保质、保量、按时地提供给厨房。

(二)合理组织人员,做好餐前准备

针对团体就餐活动的特点,开餐前厨房应做好各项准备工作。厨师长要合理地组织人员,分工明确,提前做好原料的切配加工、调味品的准备、原料的初步熟处理等工作,对于一些加热时间比较长的菜肴则应提前上火加热。

(三)规范操作程序,保证菜肴质量

开餐时厨房的工作更应该井井有条、忙而不乱,严格按照上菜的顺序走菜。烹调菜肴时也必须按照每道菜肴的正确的加工程序进行,千万不能因为是团体用餐而胡乱走菜。有计划地分装菜肴是走团体套餐菜肴时必须要注意的问题,稍有不慎就会出现每份菜肴分装不均的现象,从而导致客人对饭店有意见,影响饭店的声誉。

本章小结

本章着重阐述了在进行套餐菜单设计时,应充分考虑目标顾客的具体需求,了解他们的用餐特点,有针对性地选择菜品,合理地编排和设计菜单。强调了在制作套餐时应该注意的几个问题,使学生懂得如何设计和制作普通套餐菜单和团体套餐菜单。

【思考与练习】

一、职业能力应知题

1. 什么是套餐菜单?它可分为哪几类?
2. 什么是普通套餐菜单?它有何特点?
3. 在设计普通套餐与菜单时有哪些要求?
4. 制作普通套餐时应注意哪些问题?
5. 什么是团体套餐菜单?它有何特点?
6. 在设计团体套餐与菜单时应注意哪些事项?请举例说明。

二、职业能力应用题

1. 如何进行早餐套餐菜单的设计?
2. 如何进行中式正餐套餐菜单的设计?
3. 如何进行节日套餐菜单的设计?

4. 以"中秋节"为主题,请设计一份 5 人用餐,标准为 88.00 元/人的家庭节日套餐菜单。

5. 某大酒店即将接待一会议团体,120 人,餐费标准为 120.00 元/人,拟开 4 天。请你为此会议团体设计 4 天用的会议套餐菜单。餐费分配是:早餐 20.00 元/人,中餐 50.00 元/人,晚餐 50.00 元/人。

6. 某饭店在冬季即将接待一批北方的旅游团体,30 人,餐费标准为 68.00 元/人,请你为此旅游团设计一份午餐套餐菜单。

第 5 章
特色餐厅菜品与菜单设计

- 掌握快餐店菜品与菜单的设计特点、要求及方法
- 懂得外卖餐厅菜品与菜单的设计与制作
- 了解烧烤餐厅菜品与菜单的设计特点、要求、方法及制作

随着我国国民经济的持续发展,人民生活水平的不断提高,餐饮服务业也得到迅速发展,随之行业内的竞争也越来越激烈,各餐饮企业为了争得更多的餐饮市场份额,千方百计开设各种特色餐厅,如快餐店、外卖餐厅、烧烤餐厅、餐饮单品店、咖啡厅等。要使这些餐厅的食品赢得客人的青睐,其菜品的设计与制作就显得十分重要。

第一节 快餐店菜品与菜单设计

快餐,就是餐饮企业根据消费者的需求,将制作成熟的菜品用较短的时间销售给顾客。当前我国家庭结构已发生很大的变化,小家庭数量不断增加,家庭收入水平有所提高,生活节奏加快,在外就餐的人数越来越多,促使我国快餐业步入快速发展时期,呈现出中式与西式、传统与现代、高档与低档并存竞争的格局。这种经营方式对产品种类和标准化要求很高,为此,本节将对中式快餐设计的特点、要求、方法及菜肴的制作进行较全面的探讨。

一、快餐店菜品的特点

快餐店的种类很多,有中式快餐店和海外快餐店,有以面食为主的快餐店和以菜肴为主的快餐店,有专卖快餐店、流动快餐店及送餐公司等。无论何种快餐,其菜品的设计特点大致有如下几点:

(一)菜品特而精

设计快餐店的菜肴品种不宜太多,要少而精,具有系列性,特色明显、标准统一。如美国的肯德基、麦当劳快餐店分别以炸鸡、汉堡包为主的系列产品。还有意大利的比萨馅饼店,日本的吉野家,我国台湾地区的德克士、永和大王,香港地区的大家乐、大快活、美心等快餐店,无不以某一品牌系列产品推向市场走向世界。又如国内著名的上海新亚快餐店、兰州马兰拉面快餐店、深圳面点王快餐店、江苏大娘水饺快餐店等快餐公司,都以某一特色系列产品打响国内外市场。

(二)烹调快捷,规格统一

设计快餐店在确定菜品时要注意两个方面:一是菜品的制作不宜太复杂,从原料的加工、切配到烹调相对要简单、快速;二是制作菜品的原料可以大批采购,大批加工,大批烹调,有利于标准化操作。所生产的产品要营养丰富、清洁卫生、口味标准、规格始终如一,只有这样才能满足消费者对快餐的饮食需求,并有利于连锁经营。

(三)价格低廉

各种快餐菜品一般以薄利多销为原则。菜品售价不宜太高,要价廉物美。在菜肴制作过程中,做到原料集中采购,比价进货;加工时物尽其用,综合利用;烹调时按程序、按规格、按标准操作;严格控制原料成本和劳动力成本,以量大、面广而获取利润。

二、快餐店菜品的设计要求

快餐店的菜品设计除了讲究菜肴的营养、卫生、快捷外,还要注意定位要准确、设计要精心、制作要迅速、研发要重视。

(一)产品定位要准确

快餐店的菜品定位十分重要,是针对脑力劳动者,还是体力劳动者;主要是针对青少年,还是中老年人;是以早餐为主,还是以午、晚餐为主,都要加以明确定位。如北方人喜食面食,以牛羊肉为主;南方人喜食米饭,以鱼虾水产品为主;脑力劳动者用餐,菜肴的口味要清淡,菜量要少而精;体力劳动者用餐,菜肴的口味要浓厚,菜量要多一些;青少年喜食炒、炸、烤等菜肴,要求菜肴新而特;中老年人喜食蒸、煮、炖、焖等菜肴,要求菜肴嫩、酥、软,易消化。所以,设计快餐菜品时,首先要深入调查研究,找准自己的市场地位,充分发挥自身的优势,方能赢得更多的市场份额。

(二)产品设计要精心

中式快餐产品有两类:一种是组合式即指定式,就是把几种不同的菜肴、点心、主食、水果等有机地组合在一起,进行整体销售;一种是选择式,就是设计出一定量的冷菜、热菜、主食、面食等,由消费者根据自己的饮食爱好,挑选出喜食的菜品,按消费者挑选菜品的数量多少进行烹调,计算售价。无论采用哪一种方法,产品的设计必须要精心。组合式的菜单设计必须要考虑到产品整体的色、香、味、形及营养搭配,数量要适宜,品种要多样,价格要符合消费者的承受能力等。选择式的菜单设计要注意品种适中,满足消费者自由选择菜品的需求,迎合现代人追求自由和健康的观念,有限的品种特色要突出,有利于实现产品加工的标准化、规模化,减少加工设备和时间,缩短从点菜到拿到食品的整个服务、销售过程的时间。

(三)产品制作要迅速

中式快餐在设计、筛选产品时,以品种优、特色明、制作快、便于工业化生产的产品为首选。工业化的实质是将传统的手工操作改为机械操作,用定性、定量代替"模糊性",用标准取代经验,其目的是使产品供应迅速、品质恒定,有利于实现连锁化经营。

(四)产品研发要重视

中式快餐设计不能靠一份菜单管全年,要认真研究市场需求,重视产品研发,致力于开发一些新原料、新工艺、新烹调方法制作的菜品。开发适合标准化、工业化生产,营养丰富、口味独特的新菜式,以提升原有产品的品质和内涵。同时,要紧跟健康饮食潮流,在"低脂、低糖、低盐"和"绿色食品"上下功夫,还要根据各地区的人们的饮食习惯,开发一些"本土化"的菜肴,以菜单中精品、新品来满足人们的饮食需求。

三、快餐店菜单的设计方法

快餐店菜单设计,一般根据快餐店的经营种类、服务对象、销售形式及餐别等不同因素来精心设计。

(一)指定式菜单设计方法

1.指定式菜单的内容

指定式快餐菜单主要根据消费者的用餐标准及餐别来设计,就是将各种冷菜、热菜、点心、主食、水果等食品组合在一起,以各客的形式进行销售,一般分为早餐快餐、正餐快餐(午、晚餐)。

(1)早餐菜单内容。一般由各种粥(又称稀饭)、面食(如包子、面条、馅饼、馒头、馄饨等)、小菜、冷菜等组成。

(2)正餐快餐菜单内容。一般由冷菜、热菜、汤类、点心、主食、水果等组成,并根据各种消费标准,又分为以一种菜肴为主的快餐和以几种菜品组合为主的快餐。

2.指定式快餐菜单设计中的注意事项

(1)组合要科学。指定式快餐设计一般由几个菜肴组合成一份快餐。在设计此类菜单时既要考虑每一份菜的色、香、味、形等几方面搭配和谐,也要根据各地区人们的饮食习惯,不断调整菜肴的品种和质量,做到每一份快餐色彩鲜艳、味道可口、数量恰当、造型美观、营养丰富。

（2）标准要一致。指定式的快餐是以每一份菜品的质量高低来决定售价，同一批快餐，其数量、品种、口味、色彩等应该是一致的，数量不可忽多忽少，品种不可有增有减。

（3）核算要正确。指定式快餐是由多个菜肴组成的，而且每个菜肴数量很少，不利于成本核算，所以，要根据每个菜肴在制作过程中实际发生的各种成本及分配的份数，得出每份菜肴的成本，然后根据销售毛利率正确算出快餐的售价。

3. 指定式菜单实例

表5-1　某快餐店早餐菜单

序　号	品　　　种		规　　　格		售价（元/份）
1	猪肉包子	赤豆粥	包子2只	赤豆粥250克	3.00
2	香菜包子	小米粥	包子2只	小米粥250克	3.00
3	三鲜包子	绿豆米粥	包子2只	绿豆米粥200克	3.00
4	三丁包子	红薯粥	包子2只	红薯粥200克	3.00
5	菜肉烧卖	大麦米粥	烧卖4只	大麦米粥200克	3.00
6	牛肉烧卖	八宝粥	烧卖4只	八宝粥200克	3.00
7	蛋皮烧卖	火腿粥	烧卖4只	火腿粥200克	3.00
8	白菜猪肉饺	拌三丁	水饺250克	拌三丁75克	3.50
9	香菇水饺	拌豇豆	水饺250克	豇豆75克	3.50
10	羊肉水饺	拌香菜	水饺250克	拌香菜75克	3.50
11	红油水饺	酸辣黄瓜	水饺250克	酸辣黄瓜75克	3.50
12	炸酱面	五香豆	面150克	五香豆75克	3.50
13	担担面	叉烧肉	面150克	叉烧肉75克	3.50
14	阳春面	盐水鸭	面150克	盐水鸭75克	3.50
15	三丝拌面	椒麻鸡丝	面150克	椒麻鸡丝75克	3.50
16	排骨汤面	盐水虾	面150克	盐水虾75克	3.50
17	扬州炒饭	虾米冬瓜汤	炒饭150克	冬瓜汤200克	3.50
18	蘑菇炒饭	番茄蛋汤	炒饭150克	汤200克	3.50
19	家常炒饭	猪肝汤	炒饭150克	猪肝汤200克	3.50
20	咖喱鸡饭	青菜蛋汤	炒饭150克	汤200克	3.50

表5-2 某快餐店正餐(午、晚餐)菜单

序号	菜肴品种				售价(元/份)
1	走油肉	开洋白菜	三鲜汤		5.00
2	红烧带鱼	蘑菇青菜	紫菜蛋汤		5.00
3	滑炒里脊片	鱼香茄子	青菜豆腐汤		5.00
4	麻辣鸡丁	蚝油生菜	海带冬瓜汤		5.00
5	土豆牛肉	奶油西蓝花	三丝汤		5.00
6	青椒肉片	干烧鱼块	蘑菇菜心	鸡块汤	8.00
7	酱爆鸡丁	韭菜炒肉丝	开洋白菜	酸辣豆腐汤	8.00
8	豉汁鱼片	冬笋肉丝	姜丝炒茼蒿	豆苗鸡片汤	8.00
9	豌豆炒虾仁	鱼香肉丝	白干芹菜	鱼片汤	8.00
10	油爆肫花	青椒炒蛋	韭菜百叶丝	菊叶豆腐汤	8.00
11	大葱爆牛肉丝 千张炒芹菜	绍酒焖鸡块 萝卜排骨汤	开洋白菜		12.00
12	青蒜炒猪肝 辣椒空心菜	油淋仔鸡 酸菜肉片汤	麻婆豆腐		12.00
13	芹香蝴蝶片 蒜片苋菜	珍珠肉圆 佘腰片汤	红油丝瓜		12.00
14	苦瓜炒肉丝 麻辣豇豆	茄汁虾球 火腿冬瓜汤	青椒毛豆		12.00
15	雪梨鸡片 炒菠菜	红烩牛肉 雪菜豆腐汤	虾子茭白		12.00
16	芹头炒烤鸭片 虾仁锅巴汤	红烧狮子头 水果两种	酱烧茄子	双冬菜心	12.00
17	五香兔肉 肉圆菠菜汤	红油鱼片 瓜果两种	椒盐花菜	干贝烧萝卜球	16.00
18	宫保鸡丁 酸辣汤	脆皮鱼片 西瓜2片	青椒土豆丝	蛋皮炒菠菜	16.00
19	山药炒肉片 鸭舌芦笋汤	红烩牛肉 香蕉1根	芹菜百合	奶油花菜	16.00
20	桃仁炒腰花 雪菜鸡丝汤	脆皮鸡 橘子1个	青蒜豆芽	蘑菇菜心	16.00

(注:上述各菜单,每天根据客源情况及技术力量,可选定几组菜单对外供应。)

（二）自选式菜单的设计方法

1.自选式菜单的内容

自选式快餐菜单,一般根据菜品的种类或烹调方法等形式进行分类设计,其内容可分如下几方面:

（1）按快餐的菜品种类设计,可分冷菜类、热菜类、点心类、粥品类、汤品类、甜品类、饮料类等。

（2）按快餐的烹调方法设计,可分炒菜类、煲仔类、煎炸类、烧煮类、炖焖类等。

（3）按菜品种类与烹调方法混合设计,可分为冷菜类、炒爆类、煎炸类、面食类、粥品类、汤品类、饮料类等。

2.自选式快餐设计中的注意事项

（1）菜品数量要适量。其菜品的种类和数量的多少,要根据本企业的设备、技术力量和销售需求等因素来决定。如设计菜品的数量过多过杂,顾客自选时就无所适从,耽误自选的时间,同时增加厨房的工作量,影响出菜的速度,达不到快餐的要求;如设计菜品数量过少,顾客自选时,选择菜品空间小,不能满足顾客的饮食需求,影响产品的销售。

（2）菜品价格要适合。菜品价格的高低直接关系顾客的消费情绪,合适的菜品价格有利于菜品的销售。

（3）菜品的口味要适口。菜肴的色、香、味、形直接关系菜肴的质量,尤其是各种菜品的口味能否适应顾客的饮食需求十分重要,所以,在设计菜单时,要注意认真研究顾客的口味变化,做到用料广泛、口味多样,以满足不同顾客的饮食需求。

（4）制作要适时。快餐的制作既要快,又要好。为了满足顾客的饮食需求,在设计菜品时,要考虑各种菜品的烹制时间和质量要求。有些菜肴可预先烹制,但烹制时间太早,影响菜肴质量,有些菜品只能现点现烹。所以,要根据本企业的技术力量及服务人员的多少,调整好各菜品烹制时间段,做到菜品制作时有条不紊,菜品销售时保质保量、忙而不乱。

3.自选式快餐（正餐）菜单实例

表 5-3　某快餐店按快餐菜品种类设计的菜单

冷菜类			
名称	售价	名称	售价
酸辣黄瓜	3.00 元	卤冬菇	3.00 元
盐水花生米	3.00 元	茶叶蛋	3.00 元
辣白菜	3.00 元	五香毛豆	3.00 元

续表

冷菜类			
名称	售价	名称	售价
麻辣鸡丝	5.00 元	盐水鸭肫	5.00 元
肴 肉	5.00 元	茄汁鱼片	8.00 元
盐水鸭	10.00 元	红油牛肉	10.00 元
热菜类			
辣子鸡丁	5.00 元	干烧鱼块	5.00 元
鱼香肉丝	5.00 元	红烧羊肉	5.00 元
毛豆肉丁	5.00 元	黄豆猪腱盅	5.00 元
淮山乌鸡盅	5.00 元	枸杞肉鸽盅	5.00 元
香炸鸡翅 4 只	5.00 元	酥炸鹌鹑	5.00 元/只
三鲜煲仔饭	10.00 元/客	牛肉煲仔饭	10.00 元/客
排骨煲仔饭	10.00 元/客	咖喱鸡煲仔饭	10.00 元/客
汤品类			
双色鸭血汤	3.00 元/客	乌鸡枸杞汤	4.00 元/客
茄汁全素汤	3.00 元/客	酸菜排骨汤	4.00 元/客
点心类			
双冬素菜中包 2 只	2.00 元	萝卜酥饼 2 只	2.00 元
三丁中包 2 只	2.00 元	糯米烧卖 2 只	2.00 元
豆沙中包 2 只	2.00 元	栗茸松糕 2 块	2.00 元
炸春卷 2 只	2.00 元	葱油饼 2 只	2.00 元
煎 饺 2 只	3.00 元	水饺 4 只	3.00 元
粥品类			
皮蛋粥	3.00 元/客	腰片粥	3.00 元/客
鱼片粥	3.00 元/客	三鲜粥	3.00 元/客
蘑菇粥	3.00 元/客	青菜粥	3.00 元/客

续表

米饭类			
名称	售价	名称	售价
白饭	2.00 元/客	扬州炒饭	4.00 元/客
甜品类			
橘络银耳	2.00 元/客	桂花元宵	2.00 元/客
八宝血糯羹	3.00 元/客	滋补红枣	4.00 元/客
饮料类			
红茶、绿茶、花茶	3.00 元/杯	矿泉水	3.00 元/瓶
奶茶	3.00 元/杯	可口可乐	5.00 元/听
果珍	5.00 元/杯	雪碧	5.00 元/听
青岛啤酒	5.00 元/听	激浪	5.00 元/听

四、快餐店制作菜肴的注意事项

快餐店的菜肴制作与零点菜肴的制作方法有相似之处,最主要必须抓住两点:一是制作菜肴的速度要快,二是产品的质量要稳。所以,无论是单体快餐专卖店,还是连锁快餐专卖店,在制作菜肴时,应抓好充分、标准、一致这三点注意事项。

(一)准备工作要充分

凡是去快餐店消费的顾客,大多数都是为了果腹,要求出菜的速度要快,所以,在制作菜品过程中,准备工作一定要做得充分,如有些冷菜可以预先制熟、装盘。有些煲仔类、汤品类、炖焖类、粥品类及甜品类可根据各种菜品的加热时间分段加热,预先制熟。还有些炒菜类或不宜过早烹调的菜肴,要把各种主、配料切配成形,调味品准备充足,一旦开始销售,以最快的速度供应给顾客。

(二)菜品制作要标准

快餐的菜品在色、香、味、形及温度等方面都有一定的标准要求,尤其同一类菜肴其标准要始终如一,所以,要根据快餐的供应特点,对每一个菜品尽量做到标准化生产,如挂糊上浆的一些肉类、水产类等原料。在批量生产时,要知道原料与水、盐、淀粉等调味品的比例是多少,不可忽多忽少;在制作汤品类、粥品类等菜肴时,各种原料与水的比例要恰到好处,加热时间要准确,菜肴的色、香、味、形等方面都应有严格的标准要求,只有这样才能保证各种菜品的质量。

（三）盛装规格要一致

快餐的每一份菜肴的数量必须按菜单中的要求执行,例如,规定豆沙包每客2只不可多给或少给;各种汤品类、粥品类、甜品类液体菜品,如用碗、盅盛装要离碗沿1厘米,不可太满或太少(有的快餐店在离碗沿1厘米处有条细线来控制盛装的数量),这样能杜绝盛得太满烫伤客人,同时防止手指蘸到菜肴中,影响卫生。对一些炒菜类、炸煎类等菜肴也必须量化,从而达到快餐菜肴制作程序化、标准化、规格化生产。

第二节　外卖餐厅菜品与菜单的设计

外卖餐厅就是专为顾客提供所需的菜肴和食品,并用盛器(饭盒或食品袋)将其包装好,让客人带走食用或由餐厅工作人员送至客人指定地点的一种服务。随着城市居民生活节奏日益加快,许多机关、企事业、公司等单位实现后勤社会化,外卖餐服务和快餐店一样,成为饮食服务业的一种潮流,并日益兴盛起来,出现了许多专营外卖餐厅、兼营外卖餐馆。因此,外卖食品的设计就变得非常重要了。

一、外卖餐厅菜品的特点

外卖餐厅一般根据各地区及商业圈的不同,分为多种,有专卖饭菜的,也有专卖面食的,还有专卖冷菜及地方风味食品的。无论外卖何种菜品,外卖菜品的设计应突出若干特点。

（一）突出个性

外卖餐厅菜品的设计不能照抄照搬别人的菜单或经营品种,要找出自己的特点,明确自己的经营品种,把本地区、本餐厅一些特色菜肴、名菜、名点、地方风味等菜品作为卖点,然后根据自己的特点,提供独特的服务,尤其在菜肴的色、香、味、形、质及营养、包装上要显示自己的个性,只有这样,才能赢得顾客的青睐。

（二）设计必须精心

外卖餐厅菜品的设计要深入调查研究,根据顾客的需求来精心设计菜品及外包装。菜单中的产品必须要有针对性,例如一些机关、公司、企业、学校等单位,为了解决职工的工作餐,往往委托外卖餐厅或送餐公司把饭菜装入饭盒中(称盒饭),提供服务。这样的菜单设计就要做到饭菜兼有,菜味可口,数量控制在500克左右一份,菜肴中的卤汁及汤水不宜太多,饭盒设计最好分格,防止饭菜串味,还有利于携带和搬运。设在社区、工厂区等地区的外卖餐厅,大多数顾客往往购买一些外卖产品打包带回家食用。我们在设计菜品时就要根据这些消费群体的要求,设计一些他们喜食的菜点。旅游的客人一般都喜欢带一些当地的风味食品回家,馈赠亲朋好友,所以,在菜单设计中,要把当地的一些名菜、名点、风味小吃列入菜单中,并经过精心烹制、精美包装,销往全国各地及海外。

(三)制作适应卖点

外卖餐厅菜品设计,要考虑到菜品制作是否适应外卖的特点,因为外卖菜品往往打包后给顾客自己带出餐厅食用,一般含有汤水太多的菜肴不适宜列入外卖菜单中,所以,外卖的菜肴要求汤汁要少,制作要快,包装要美观,便于携带,虽然有些冷菜、面食及其他菜品,加热时间长,卤汁略多,块形较大,但可以预先制作,大批生产,分割包装,作必要的技术处理,使产品适应外卖销售的特点。

二、外卖餐厅菜品的设计要求

(一)经营项目要明确

外卖餐厅的经营项目很多,有的以外卖饭菜为主,有的以外卖面食为主,有的以卖卤菜、冷菜为主。所以,在设计菜单时,首先要了解本餐厅主要经营哪些菜肴。根据这一原则来制定外卖菜单,并经过一段时间的运作,了解各菜肴的销售情况及顾客的点击率。对一些销售量少、顾客点击率低的菜肴应当取消,并补充一些新的菜肴来满足消费者的需求。

(二)价格定位要合适

外卖餐厅的各种菜品的销售价格不宜定得太高,原因有二:一是外卖菜品制作成本要比零售菜品低得多,因为,外卖菜肴大部分可大批生产,有利于降低成本,而且外卖菜肴在销售中,不必设计很大的餐厅,大部分消费者都打包带出餐厅食用,所以,经营成本有所下降;二是大部分消费者均是一些游客、社区居民、工薪阶层及学生,如价格定位太高,无法被消费者接受,必定影响销售量。所以,外卖菜品以薄利多销、价廉物美为上。

(三)包装盛器要科学

外卖餐厅必须严格执行《中华人民共和国食品安全法》的有关条例,绝不用不符合卫生要求的包装材料盛放食品,应选用符合卫生标准的聚乙烯、聚丙烯、聚氯乙烯及纸制材料等制成的塑料袋或饭盒盛装食品。塑料袋及饭盒制作要科学,如饭盒可根据销售的产品分格盛装,防止菜品相互串味,塑料袋上印上外卖餐厅的供应品种、联系电话、地址、服务方式等,这样既方便顾客,又起到推销产品的作用。

(四)菜单设计要全面

一份好的外卖菜单,其内容必须全面,如外卖食品的品种、价格、每份的定量,可供享用人数,菜品的彩照,外卖餐厅的地址、联系电话,促销性的文字,服务形式及包装方式等。在设计外卖食品菜单时,一定注意整体结构的艺术性、广告文字的优美性、食品彩照的逼真性。

三、外卖餐厅菜品的设计方法

1.外卖餐厅菜品的内容

外卖菜品种类很多，一般分为饭菜类、面食类、冷菜类、混合类。

（1）饭菜类。一般以米饭、炒爆类和烧焖类菜肴为主，以套餐或单份的形式出售。

（2）面食类。一般以烙饼、水饺、煎饺、包子、馒头等面食品种居多。

（3）冷菜类。一般以各种卤菜类、烧烤类、炸制类、凉拌类等品种为主，如烧肉、烤鸭、卤鸡、麻辣猪耳、炸花生米、拌芹菜等菜品。

（4）混合类。一般以供应米饭、菜肴、冷菜、面食等品种为主。

2.外卖餐厅菜品设计中的注意事项

（1）要错位经营。在设计外卖菜品时，要认真地分析商业圈内各外卖餐厅供应的品种及销售情况，尽量不要同周围的外卖餐厅设计的产品相同，要错位经营，产品富有特色，这样才能收到好的效果。

（2）菜品数量不宜多。不管经营何种类的外卖菜品，其数量不宜太多，一般控制在8~20种为宜，这样有利于经营，有利于把产品做好、做精、做出名气。

（3）制作要快捷。有些外卖餐厅是"后厂前店"，即后面是厨房或生产加工食品的场所，而在前面店面上进行销售。在设计菜品时，选用原料要新鲜，制作要快捷。

3.外卖菜单实例

表5-4　某外卖餐厅（饭菜类）菜单

名称	单位	售价	名称	单位	售价
麻辣肉丝饭	套	10.00元	咖喱鸡丁饭	套	10.00元
蚝油牛肉饭	套	10.00元	干烧带鱼饭	套	10.00元
扬州蛋炒饭	套	10.00元	豌豆虾仁饭	套	10.00元
烧鸭冬笋饭	套	10.00元	三鲜蘑菇饭	套	10.00元

表5-5　某外卖餐厅（面食类）菜单

名称	规格	售价	名称	规格	售价
萝卜丝酥饼	2只	2.00元	韭菜猪肉馅饼	2只	3.00元
羊肉馅饼	2只	3.00元	猪肉煎饺	2只	2.00元
豆腐煎饺	4只	3.00元	葱油煎饼	4只	2.00元
牛肉包	4只	2.00元	蟹黄包	2只	3.00元
豆沙包	2只	3.00元	三丁包	2只	3.00元
枣泥拉糕	100克	3.00元	豆沙方糕	100克	3.00元

表 5-6　某外卖餐厅(冷菜类)菜单

名称	规格	售价	名称	规格	售价
油炸花生米	100 克	2.00 元	什锦腐竹	100 克	2.00 元
千张芹菜	100 克	2.00 元	麻辣肚丝	100 克	3.00 元
红油脆耳	100 克	3.00 元	五香牛肉	100 克	4.00 元
怪味鸡丝	100 克	3.00 元	卤肫肝	100 克	3.00 元
盐水鸭	100 克	3.00 元	烤　鸭	100 克	3.00 元
油爆大虾	100 克	5.00 元	苏式熏鱼	100 克	5.00 元
叉烧猪肉	100 克	5.00 元	羊　糕	100 克	5.00 元
蛋黄鸡卷	100 克	5.00 元	葱油海蜇	100 克	6.00 元

表 5-7　某外卖餐厅(混合类)菜单

冷菜类					
名称	规格	售价	名称	规格	售价
盐水肫	100 克	3.00 元	油　鸡	100 克	4.00 元
烤　鸭	100 克	4.00 元	肴　肉	100 克	4.00 元
五香熏鱼	100 克	6.00 元			
热菜类					
青豆虾仁	150 克	8.00 元	鱼香肉丝	150 克	6.00 元
红油鱼片	150 克	7.00 元	蚝油牛肉片	150 克	8.00 元
宫保鸡丁	150 克	8.00 元	虎皮猪肉	150 克	6.00 元
香炸乳鸽	1 只	8.00 元	香炸鸡腿	1 只	6.00 元
主食类					
三鲜水饺	4 只	2.00 元	炸春卷	4 只	3.00 元
小笼包子	6 只	3.00 元	萝卜丝酥饼	4 只	3.00 元
白　饭	150 克	2.00 元	什锦炒饭	150 克	3.00 元

四、外卖餐厅菜肴制作的注意事项

外卖菜肴制作与快餐菜肴制作在方法上基本相同,但在烹调和盛装方面又有特殊的要求。

(一)烹调要求

外卖菜肴一般由顾客根据自己的饮食爱好来点菜,再经过烹调,打包后带出餐厅食用。怎样使菜肴保持应有的色、香、味、形呢？一般来讲,对于一些绿色蔬菜类原料,在烹调时尽量不要放醋,因为放醋后,使绿叶变成黄颜色,影响菜肴的美观;有些菜肴酱油不宜放得太多,否则经空气氧化易变黑;有些挂糊上浆的菜肴与勾芡的菜肴,在制作中,要正确掌握火候,不能炒煳或过火,造成菜肴质地老、韧,如果顾客把这些菜肴带回家后再加热的话,就无法咀嚼了。同时,所有的外卖菜都要求汤汁要少,便于顾客携带。

(二)盛装要求

外卖菜肴盛装的要求比较讲究。首先是盛装的容器必须符合卫生标准,装盘时不可装得太满或太少,装得太满饭菜及汤汁容易外溢,影响食品美观和卫生;用食品袋盛装菜肴,菜肴不宜太烫或油分太多,否则容易造成食品袋变形、损坏,客人无法带走食用。为了防止菜肴相互串味,在定制或购买饭盒时,最好选用分格的饭盒。

第三节　烧烤餐厅菜品与菜单的设计

烧烤就是将腌渍或加工处理后的原料,放入以电、木炭、煤或煤气等为燃料的烤炉或扒炉等设备中,利用辐射热直接或间接将原料烧烤成熟的一种方法。烧烤餐厅属于风味餐馆中的一种,是以烧烤的烹调方法为中心来设计菜品,因菜品风格独特,餐馆装饰富有情调,深受消费者的欢迎。

一、烧烤餐厅菜品的设计特点

世界上烧烤餐馆种类繁多,烧烤手法多种多样,最著名的有欧美扒烤,中国、土耳其、韩国、巴西的烧烤等,其风味各异,品种繁多。我们在设计烧烤餐厅菜品时,要充分借鉴各国烧烤菜品的经验和特色。

(一)突出烧烤的烹调方法

设计烧烤餐厅菜品时,并不是要每一个菜都用烧烤的烹调方法,而是应根据餐厅的经营形式和顾客的饮食需求,来决定菜品的设计内容。大部分烧烤餐厅规定每人一定的用餐标准,以自助餐的形式为顾客提供服务。菜单注明的菜品都要兼有,如冷菜类、汤类、热菜类、点心类、甜羹类、水果类等,但热菜类、冷菜类、点心类的菜品要突出烧烤的烹调方法。如有中国烧烤特色的叫花鸡、北京烤鸭,新疆、内蒙古的烤全羊、烤羊肉串,广东的烤乳猪,山东的烤海鲜等;欧美特色的扒烤、牛排、猪排、鸡排、鱼排等;土耳其烧烤的牛肉糜饼、羊肉糜饼等;韩国烧烤的铁板扒鸡、扒鱼等;巴西烧烤的火鸡腿、巴西香肠、巴西羊腿等。厨房的设备及技术力量,在设计菜肴时均应有所考虑。烧烤菜品除自助餐外,也可以零点及团体套餐、宴会等形式销售,但必须要突出烧烤的菜品,才能体现烧烤餐厅的特有风味。

(二)扩大烧烤原料范围

烧烤餐厅在原料运用上要广泛,不能拘泥传统的烧烤原料,要吸收引进国内外的各种先进的制作方法,打破过去烧烤只以动物性原料为主的传统思路。应动植物原料并举,如动物性原料有牛、羊、猪、鹅、鸡、鸭、鱼、虾、贝类、野生动物性原料等;植物性原料有茄子、豆腐、香蕉、土豆、山芋等,运用多种烧烤方法,使烧烤菜的品种更丰富,味道更香美,风味更独特。

(三)讲究烧烤的服务特色

很多烧烤餐厅为了增加消费者的饮食情趣,往往将已烤制成熟的菜品由厨师或服务员送至客人餐桌边进行分割,供他们食用。如北京烤鸭,欧美的扒烤牛排、猪排,巴西的烤牛里脊。这种烹调与服务连在一起的操作服务,具有独特的风格,别有情趣。

(四)营造烧烤餐厅的氛围

餐饮企业要成为品牌企业,其菜品、服务、环境三大支柱缺一不可,而烧烤餐厅在菜品的制作、服务方式方面都有独到之处,尤其环境布置上更有特色。例如欧美的扒烤是直接把炉灶搬到餐厅来,根据客人的饮食需求,现点现烤,客人可以一边观看厨师烧烤原料,一边品尝香味扑鼻的各种美味佳肴。另外,烧烤餐厅的布置可根据烧烤的风格,作一些相应的布置,反映古人原始的一些烧烤方法,如图案或实物,包括异国他乡的风光和烧烤设备与炊具等,使烧烤餐厅环境布置富有特色和风格,成为环境优雅、风味独特的饮食天地。

二、烧烤餐厅菜品的设计要求

烧烤餐厅菜品应根据烧烤餐厅的风格、销售方式及设备等因素来设计。

(一)确定销售方式

烧烤餐厅菜肴的销售方式多种多样,如快餐式、零点式、自助式、宴席式等,由于销售方式的不同,菜品设计的要求也不一样。零点式快餐的烧烤菜品在设计时,不宜设计用大块原料烧烤后去餐桌边分割配餐,可将一些小型的、整只的原料做成烤肉串等菜肴,也可用大块原料通过烧烤后在厨房内分割成若干块大小一致的形状,便于顾客食用;对一些自助式、宴席式的烧烤菜品,则可设计一些大型的、整只的大块菜肴,由专业人员到顾客餐桌边进行分割表演与配餐,这样不但能展示烧烤的烹调技艺,而且能增加餐厅的饮食情趣。

(二)讲究品种变化

烧烤菜品的设计与一般菜品的设计要求相比,有很多相似之处,但必须要突出烧烤菜品的风格,讲究烧烤品种的变化。尽管烧烤的烹调方法有些单一,但不能拘泥一种烹调方法,可在烹调的原料、调料菜品颜色、形状、质地等方面加以变化。如在原料运用上不但可用动物性原料,也可用植物性原料;在调料的运用上,可用番茄、辣酱、咖喱、孜然、黑椒、XO 酱、卡夫奇妙酱等;在颜色上,要利用各种原料的本色及调味品的颜色,使烧烤菜肴变得丰富多彩;在形状上,通过刀工处理要求一菜一形,富有变化;在质地上要讲究香、脆、鲜、嫩、软等各种口感,从而使烧烤菜上的品种多样,口味各异,富有特色。

(三)要突出烧烤的风格

在设计烧烤菜品时,必须要突出烧烤菜肴的风格。如烧烤的方法有明炉烤、暗炉烤、叉烧烤、挂炉烤、整形整只烤、切片烤、分割烤、串烧烤等;在调味方法上,有先腌渍后烤或先烤再调味、蘸食;在表现形式上,有的烧烤餐厅把各种烤炉搬到餐厅,而有的是在厨房烧烤后直接由厨师装盘造型,由服务员端给顾客,也有专业服务人员将大块、整形原料在顾客餐桌边现场进行分割服务。

三、烧烤餐厅菜单的设计方法

烧烤餐厅菜单必须根据烧烤餐厅的风味特色、销售形式来决定。由于烧烤餐厅的销售方式不同,菜单设计也有一定的差异。例如,自助餐烧烤菜单菜品多达60~100 道,而宴席式、零点式烧烤菜单只需 10~20 多道。具体设计方法应掌握如下几点:

(一)烧烤菜肴的内容

无论是自助餐式、宴席式,还是零点式烧烤菜,一般都分为冷菜类、热菜类、点心类、汤羹类、水果类等,但热菜类必须突出烧烤菜品。

(1)冷菜类。宴席式、零点式烧烤菜单一般安排 6~12 个品种不等,自助式安排冷菜(开胃冷菜)10~20 个品种为宜,品种可设计有烧鸭、叉烧肉、各种烧烤色拉、泡菜等。

(2)热菜类。宴席式烧烤菜单一般安排 6~10 个品种,零点式、自助式烧烤菜单安排 10~30 个品种为宜,主要品种有烤乳猪、烤鸭、烤鱼、烤海鲜、烤鸡、烤羊腿、烤牛排、烤各种肉串、烤山芋、烤玉米等。

(3)点心类。根据销售方式,一般可安排 2~20 道,如烤面包、烤各种蛋糕、烤各种布丁及水果排等。

(4)汤羹类。根据销售方式,一般安排 1~4 道,如烤鸭汤、鸡菌汤、叉烧鸭豆腐羹等。

(5)水果类。一般安排一些烤香蕉及各种新鲜水果等。

(二)烧烤菜单设计中的注意事项

(1)要做到荤素搭配。烧烤的菜肴一般以动物性原料为主,但在设计菜单时必须安排一些植物原料制成的菜肴或配备适量的瓜果,满足顾客在膳食中的营养平衡。

（2）要了解菜品的加热时间。烧烤菜肴有大块、整只的原料,也有小型、小块的原料,两者加热时间相差很大,设计菜单时,对每个菜肴的加热时间要有所了解。一些加热时间较长的大块、整只原料,必须提前加工加热,否则不宜安排在烧烤的零点菜单或宴席菜单中。

（3）要控制菜品的数量。无论是零点菜单还是宴席、自助菜单,必须控制菜品的数量,如果数量太多导致产品成本增加、原料浪费,数量太少会使顾客不够食用。尤其宴席或自助餐,在菜品所用的原料总量上要加以控制,一般根据就餐人数来加以控制,一般人均原料的净重量控制在 500 克左右为宜。

（三）烧烤菜单设计实例

下面介绍两组不同风味的宴席菜单及一组自助式烧烤菜单。

表 5-8　某烤鸭店"烤鸭席"菜单

冷菜类	
主盘	孔雀鸭掌
围碟	糟汁鸭片、芥末鸭掌、盐水鸭舌、水晶鸭脯、核桃鸭卷、茄汁鸭柳、鸭油菜心、卤肫肝
热菜类	
热菜	鸭蓉鱼翅、炸板鸭凤尾、掌上明珠、珠联鸭脯、烤鸭(带薄饼、大葱面酱)、鸭汁双素
汤类	清炖文武鸭
点心类	口蘑烧鸭包、鸭丝春卷
甜菜类	杏仁豆腐
水果类	春江水暖鸭先知(水果拼盘)

表 5-9　某巴西烧烤店的"烤肉大席"菜单

主菜	烤牛犊(先上大腿,再上臀尖肉、牛排)
辅菜	烤鸡腿、烤猪里脊、大肉肠、烧鳄鱼尾、基贝贝(盐、糖、辣椒煮南瓜)、虾排
汤品	嫩玉米煮南瓜秧和卷心菜、大烩豆(巴西国菜——砂锅炖猪蹄、杂碎与黑豆)
饭食	猪里脊煮米饭
饮料	咖啡、红茶

表 5-10　某烧烤店自助式烧烤菜单

冷菜类	虾仁色拉、凉拌双冬、葱油海蜇、麻辣牛百叶、茄汁鱼片、蒜叶黄瓜、椒盐慈姑片、盐水鸭、酸辣大白菜
热炒类	黄金鱼丁、宫保鸡丁、蚝油牛柳、红烩牛肉、咕咾肉、家常豆腐、清炒时蔬、白玉虾球、炸银鱼排、爆炒鱿鱼
烧烤类	烤羊腿、烤牛排、烤乳猪、烤香肠、烤海鳗、烤大虾、烤乳鸽、烤鸡翅、烤鸭、烤鱼肉卷、烤玉米、烤香蕉、烤山芋、烤芋艿、烤山药
点心类	炸春卷、菜肉水饺、黄桥烧饼、枣泥拉糕、金银馒头、虾肉馄饨、炒河粉、桂花元宵
主食汤羹类	什锦炒饭、酸辣汤、三鲜炒面、开洋冬瓜汤、洋葱牛肉汤、冰糖银耳、红枣桂圆
水果类	香蕉、苹果、芦柑、葡萄、樱桃、番茄、猕猴桃

四、烧烤餐厅菜肴制作的注意事项

烧烤菜肴制作因各地风格不同,有些大块、整形原料在烧烤制作中,其时间较长,工艺复杂,技术难度较大,所以我们要认真研究每一烧烤菜肴的制作。

(一)掌握好原料腌渍时间与调味料比例

烧烤菜品的原料,有的不需要腌渍,直接放入烧烤炉中烤熟,采用各种调味料蘸食即可;有的必须经过腌渍入味后,再进行烧烤成熟后方可食用。所以,在腌渍原料时,要根据块形的大小区别对待,大块原料腌渍时最好用铁扦扎些小眼,便于调味品浸入,还要根据原料块形的大小,规定腌渍时间的长短。同时,在腌渍过程中,要正确掌握好调味料与原料的比例,只有这样,才能使菜肴的色彩、口味标准化、规范化,质量保持一致。

(二)掌握好烧烤的时间与成熟度

烧烤菜品有的是整只、大块的原料,有的是小型、小块的原料,所以,烧烤的时间、温度均有很大的差异。我们要认真掌握好各种菜肴的烧烤火候及时间的长短,不可把原料烧烤至焦煳或没有成熟。同时,各种菜肴烧熟度也不一样,有的菜肴只需烤至 7 成熟,有的需要烤至 9~10 成熟,所以,要视各菜肴的质量标准,正确掌握好烧烤时间及成熟度。

(三)掌握好烧烤菜品的颜色与形态

烧烤菜品的颜色与形态是十分讲究的,在制作过程中,对加工、切配、涂刷调味品及烧烤所需的火候要认真分析,掌握其规律。如烤鸭在加工、上叉等制作阶段时,不可把鸭皮搞破;烤乳猪时,涂刷调味料时不可太稠或太稀,否则色差很大。尤其在切配或装盘时,要做到大小一致,造型美观大方,颜色鲜艳,诱人食欲。

(四)掌握好分割菜品的技巧和方法

为了增加餐厅的饮食情趣,有些整形或整块的烧烤菜品拿到餐厅的肉车明档或餐桌边上进行分割表演,并配餐给顾客,如烤鸭、烤乳猪、烤羊腿等。在分割时必须要掌握其技巧,了解各种禽类及肉类的整体结构及骨骼等组织,并注意分档的先后次序,做到下刀正确、动作麻利,还要掌握下刀的轻重缓急,不要用力过猛,否则,把油渍溅到顾客身上会影响客人的饮食情绪。在操作过程中,一定要注意个人卫生,做到工作服、工作帽洁白干净,刀具、砧板、餐具必须经过消毒处理,手指尽量少接触菜品,操作时可戴上符合卫生的手套。

除烧烤餐厅的菜单设计具有独特的风格外,还有如农家菜馆、海鲜馆、砂锅居等都属于风味餐馆,其菜品独特、餐厅装饰富有情调、服务别具一格,由于篇幅有限,就不赘述了。

第四节　餐饮单品店菜品与菜单设计

餐饮单品店又称"专卖店",是指餐饮企业以经营某类食材制作的菜品为主,搭配少量的其他菜品及饮品,或只单一经营某一种菜品并以此作为招牌的一种业态。餐饮单品店凭借产品特色鲜明,价格实惠,运作简单,回报周期短等优势,吸引了许多餐饮企业投资者及创业者的青睐,这种经营方式已成为当今餐饮业的一种发展趋势。为此,餐饮企业创业者很有必要掌握餐饮单品店的经营特点、要求及菜品与菜单的设计方法。

一、餐饮单品店菜品的特点

餐饮单品店的种类很多,常见的有中式餐饮单品店和海外餐饮单品店,有以某一菜为主的餐饮单品店和以某一类食材为主的餐饮单品店等。这些餐饮单品店在经营方法及菜品特色有如下几方面特点:

(一)菜品较少,特色鲜明

传统餐饮的经营模式一般要配备几十种甚至上百种菜品,因菜品多、工作量大,烹饪人员往往关注点分散,很难把每一道菜品做得很专业,而餐饮单品店一般只需配备一种或几种菜品。烹饪人员每天围绕这几种菜品进行制作,不断钻研,在质量上下功夫、熟能生巧,使菜品越做越专业,富有特色、形成品牌,如一些经营面食类、禽类、畜类等餐饮单品店,都以某一特色产品占领餐饮市场,深受消费者的喜爱。

(二)运作简单，节约成本

餐饮单品店因菜品种类少，原料的采购、加工、烹调等方面均比较单一，管理者与操作者可以把目光更多地锁定在主打产品的食材采购、加工和制作上。因单品食材一次性采购数量相对较多，可集中采购，降低食材采购成本。在菜品制作上可实行标准化生产，从菜品的用料比例、加工、烹调方法、成品形成标准及特点等方面实行量化生产，很多菜品制作一旦形成标准，完全可以由一些非专业人员来操作。这样在很大程度上，可以起到降低人工费用、节省成本的目的。

(三)复制方便，扩张便捷

餐饮单品店的"主打产品"大多数只有一种或几种，为了实现烹调的标准化，很多关键性的烹调技术，比如加工、腌制、调味等均可在加工中心厨房(又称中央厨房)统一完成，所以后期烹调就变得比较简单了，菜肴易于复制。如企业要扩张，开设连锁单品店更具有优势，因为绝大多数的餐饮单品店经营面积都不大，开店资金投入较少，再加上菜品比较单一，很容易形成品牌，开设分店或连锁店更加便捷，容易成功。

二、菜品与菜单设计要求

中国地域辽阔，物产丰富，各地人们饮食习惯不同，口味众多，仅各地小吃就有数千种，如各种包子、面条、米粉、饼类、粥类及一些地方名菜、名点等。这些菜品为餐饮单品店的发展提供了得天独厚的基础条件。这些小吃都有可能打造成餐饮单品店的"主打产品"，但要真正成为餐饮单品店的品牌菜品，必须满足如下几点要求：

(一)确定目标市场，了解客人要求

首先，要确定目标市场，开设餐饮单品店的选址非常重要。如餐饮单品店是开在繁华街区、交通枢纽、大型商场内，还是开在办公楼区、居民住宅、普通街道上。然后，对餐饮单品店周边的消费对象进行市场调查，深入了解他们对菜品的喜好、口味及消费心理等，再精准设计出消费者所需要的菜品及菜单。同时，还应根据本企业的人力、物力和财力，量力而行，对自己的技术、菜品的销售数量等情况做到心中有数，才能获得较高的营业额及利润率。

(二)打造主打产品，形成独特品牌

餐饮单品店必须要有一道或一类主打产品(俗称"拳头产品")，企业才能得到生存与发展。无论是海外产品，还是中式产品；是地方小吃，还是地方名肴；是主食产品，还是副食产品等，都要根据消费群体的口味、喜好，不断打造主打产品，做到"人无我有，人有我优，人优我精"，形成自己独特的品牌。同时，要将主打产品放在店面及菜单醒目位置上，加大宣传，重点推销，不断扩大主打产品的声誉和知名度,赢得消费者的青睐。

(三)菜品制作简便,销售方式灵活

餐饮单品店具有经营面积小、人力成本低、菜品种类少、翻台率高、预制率高、投资回报率高等方面的特征。所以,在菜品设计和制作中要紧紧围绕餐饮单品店的特征,在产品定位上要精准,突出"主打产品",不跑题,不跨界,不求多而全,但求少而精,有特色。菜品制作要简便、快捷,适合餐饮单品店经营要求。在销售方式上,要灵活多样,可在餐厅内用餐,也可打包带走,可点个菜就餐,也可点套餐就餐,还可借助互联网O2O平台,送餐上门,拓宽销售市场,提高社会效益和经济效益。

(四)保证菜品质量,做好成本核算

餐饮单品店的主打菜品,在色香味形等几方面必须保质保量,始终如一,要求每一菜品色泽鲜艳,突出香味,注重形态,保证质感,讲究营养,坚持标准。同时,对每一菜品要认真做好成本核算,明确每一菜品的主料、配料、调料的比例,掌握每个菜品的成本、毛利率及销售价格,做到合理定价,价廉物美,保证每一菜品的利润率,从而达到既满足顾客需求,又使企业盈利。

三、菜单设计的方法

餐饮单品店菜单的设计,应根据所经营的菜品特色及销售方式来确定菜单设计的内容,具体需掌握如下几点。

(一)菜单内容

不管经营一种菜品,还是经营一类菜品,在菜单设计中,必须要突出主打菜品,只能搭配少量的其他菜品及饮品。

(1)冷菜类。一般以禽类或畜类为主打菜品,可兼营少量的蔬食类、豆制品类等方面的冷菜。如经营盐水鸭的单品店,可兼营其他卤制品、时蔬等品种。

(2)热菜类。一般以某一特色热菜为主打菜品,可兼营少量相似的热菜、主食、饮品、水果等。

(3)汤羹类。一般以某一特色的汤或羹类为主打菜品,可兼营少量菜品及面食等,如烧饼、油条、包子、馒头等。

(4)面食类。一般以经营一种面食为主打菜品,可兼营少量的搭配其他品种,如经营包子单品店,可兼营粥品类、豆浆等品种。

(二)菜单设计中的注意事项

(1)菜单中的主打菜品不能没有特色。餐饮单品店最大的卖点就是要有一款或一类有特色的菜品。所以在设计主打菜品时,无论在原材料的选择、加工,还是烹调、销售等方面,要与一般菜品有所不同,这样才能吸引顾客消费,使餐饮单品店

做出名气。

（2）菜单中的兼营菜品不能喧宾夺主。餐饮单品店菜单的设计要以主打菜品为主，如兼营其他菜品只能是对主打菜品的一种补充。所以兼营菜品不宜过多、过杂、过乱，否则失去了餐饮单品店的优势及特色。

（3）菜单中的菜品售价不能太高。餐饮单品店的菜品一般以价廉物美、富有特色来吸引顾客，如菜品售价太高，菜品无特色，很难使餐饮单品店做长、做强。所以在确定每个菜品的售价时，首先要了解顾客的消费心理及承受能力，认真测算每个菜品的主料、辅料、调料的实际成本，再确定每个菜品的销售毛利率及售价。要加强采购及内部管理，尽量降低成本，让利给顾客，做到薄利多销，以量取胜，这样才能适应餐饮市场的发展。

（三）餐饮单品店菜单实例

表 5-11　某包子单品店菜单

包子类：

品种	数量	售价（元/份）	品种	数量	售价（元/份）
黑芝麻包	1	1.20	酸豆角肉包	1	1.50
香辣粉丝包	1	1.20	鲜汁肉包	1	1.50
霉干菜包	1	1.20	萝卜丝肉包	1	1.50
老坛酸菜包	1	1.20	芹菜肉包	1	1.50
鲜香菇菜包	1	1.20	麻辣鸡肉包	1	1.50
豆沙包	1	1.20	笋干肉包	1	1.50

馒头类：　　　　　　　　　　　　　　　　粽子类：

品种	数量	售价（元/份）	品种	数量	售价（元/份）
高庄馒头	1	0.80	蛋黄肉粽	1	3.00
南瓜馒头	1	0.80	豆沙粽	1	1.80
养生馒头	1	0.80	鲜肉粽	1	2.50
刀切馒头	1	0.80	蜜枣粽	1	1.50
小米馒头	1	0.80	赤豆粽	1	1.50

其他：

品种	数量	售价(元/份)
糯米烧卖	1	0.80
黑米烧卖	1	1.00
水晶糕	1	1.50
黑米糕	1	1.50
紫薯糕	1	1.50
玉米窝窝头	1	1.00

饮品：

品种	数量	售价(元/份)
酸梅汤	1	2.50
黑芝麻豆浆	1	2.00
香蕉味豆浆	1	1.50
核桃花生奶	1	1.50
原味豆浆	1	1.50
玉米豆浆	1	1.50

粥类：

品种	数量	售价(元/份)	品种	数量	售价(元/份)
八宝粥	1	2.50	黑米粥	1	2.50
燕麦小米粥	1	2.50	南瓜粥	1	2.50

表 5-12　某面条单品店菜单

面条类：

品种	数量	售价(元/碗)	品种	数量	售价(元/碗)
麻辣小面	1	8.00	清汤小面	1	8.00
担担面	1	8.00	重庆凉面	1	10.00
牛肉小面	1	16.00	排骨小面	1	16.00
肥肠小面	1	16.00	杂酱小面	1	10.00
豌豆小面	1	10.00	虾仁小面	1	12.00

酸辣粉类：

品种	数量	售价(元/碗)	品种	数量	售价(元/碗)
豌豆酸辣粉	1	10.00	杂酱酸辣粉	1	12.00
牛肉酸辣粉	1	16.00	肥肠酸辣粉	1	16.00

米线类：

品种	数量	售价（元/碗）	品种	数量	售价（元/碗）
麻辣米线	1	8.00	清汤米线	1	8.00
牛肉米线	1	16.00	肥肠米线	1	16.00
杂酱米线	1	10.00	豌豆米线	1	10.00
什锦米线	1	12.00	牛肉肥肠米线	1	18.00

凉菜类：

品种	数量	售价（元/份）	品种	数量	售价（元/份）
夫妻肺片	1	22.00	红油毛肚	1	22.00
口水鸡	1	15.00	葱香冬笋	1	10.00
川香豆腐干	1	8.00	脆皮香辣椒	1	8.00
素鸡豆腐	1	8.00	川北凉粉	1	8.00
麻辣黄瓜	1	5.00	麻辣豆芽	1	5.00
麻辣海带丝	1	5.00	皮蛋豆腐	1	3.00

热菜类：

品种	数量	售价（元/份）	品种	数量	售价（元/份）
蒙式烤羊肉	1	38.00	辣椒炒肉	1	28.00
干锅千叶豆腐	1	26.00	重庆毛血旺	1	32.00
鱼香肉丝	1	22.00	脆皮鸡	1	38.00
合菜小炒	1	20.00	黑木耳炒肉	1	22.00
松仁玉米	1	16.00	蜜汁紫薯球	1	16.00
地三鲜	1	18.00	酸辣土豆丝	1	12.00
莜麦菜	1	16.00	木耳炒鸡蛋	1	18.00
水煮肉片	1	32.00	烤全鱼	1	58.00

表5-13 某鸡类单品店菜单

黄焖鸡系列：

品种	数量	售价（元/份）	品种	数量	售价（元/份）
黄焖鸡米饭	1	15.00	黄焖排骨饭	1	20.00
黄焖鸭饭	1	20.00	黄焖鱼饭	1	20.00
黄焖牛腩饭	1	25.00	黄焖腐竹饭	1	15.00

另加配料：

品种	数量	售价（元/份）	品种	数量	售价（元/份）
土豆片	1	2.00	豆腐皮	1	2.00
香菇	1	3.00	金针菇	1	3.00

凉菜类：

品种	数量	售价（元/份）	品种	数量	售价（元/份）
凉拌海带丝	1	5.00	麻辣豆腐丝	1	5.00
蒜泥黄瓜	1	5.00	葱油竹笋丝	1	6.00
炝拌莴苣	1	6.00	五香拆骨肉	1	12.00

汤品类：

品种	数量	售价（元/份）	品种	数量	售价（元/份）
番茄蛋汤	1	6.00	茼蒿豆腐汤	1	6.00
酸辣三丝汤	1	6.00	菠菜木耳汤	1	6.00

其他：

品种	数量	售价（元/份）	品种	数量	售价（元/份）
米饭	1	1.00	小米粥	1	2.00
八宝粥	1	3.00	红豆粥	1	3.00

表5-14 某汤羹类单品店菜单

羊肉汤类：

品种	数量	售价（元/份）	品种	数量	售价（元/份）
羊肉汤	1	10.00	羊肚汤	1	8.00
羊头肉汤	1	8.00	羊杂羹	1	6.00

特色小菜：

品种	数量	售价(元/份)	品种	数量	售价(元/份)
青蒜羊肉	1	25.00	麻辣羊肚	1	20.00
五香羊头肉	1	20.00	酸辣羊杂	1	15.00

主食类：

品种	数量	售价(元/份)	品种	数量	售价(元/份)
葱油饼	1	1.50	石子馍	1	2.00
烧饼	1	1.50	馒头	1	1.00

四、菜品制作的注意事项

餐饮单品店在菜品制作时,必须坚持标准,保证主打菜品特色不变,质量始终如一,这样才能赢得顾客的信赖,企业也就能得到长足的发展。在菜品制作中应注意如下几点。

（一）菜品在制作中必须规范

菜品质量直接关系到餐饮单品店的生存与发展。餐饮企业必须从原料的采购、选料、加工、烹调、装盘等每一个环节抓起。

(1)在采购原料时必须选用绿色环保的食材。采购原料时应选用新鲜、无毒、无污染、无公害的原料。

(2)在加工原料时必须规范有序。菜品在加工、切配时,应严格按操作程序进行,做到加工规范有序;切配形状大小一致;配菜时主配料比例统一。

(3)烹调操作时必须始终如一。烹调操作是菜品制作的最后一环,尤其在菜品火候的掌握、调料的多少、装盛的方法等方面,必须保持菜品色香味形等始终如一,不能随心所欲,忽好忽差,造成菜品操作不规范、无特色,这样很难招徕许多顾客来消费。

为此,菜品在制作中长期坚持规范操作,坚持质量第一、顾客第一的经营理念,才能将菜品打造成品牌产品,使餐饮单品店做大、做强、做出名气。

（二）菜品制成成品必须迅速

随着我国国民经济的快速发展,人们的工作与生活节奏加快,消费观念及饮食方式发生了很大的变化,同时也促进了餐饮单品店的快速发展。因此,我们在制作菜品及销售中必须简捷、快速,如对有些菜品预先做好原材料的初步加工,尽量制成半成品或成品,各种复合调料预先兑好汁,这样既保证了口味的一致性又加快了烹调与销售的速度。

(三)菜品在装盛中必须讲究清洁卫生

餐饮单品店装盛或包装菜品时,必须注意清洁卫生,要严格执行《中华人民共和国食品安全法》相关条例,装盛与包装的纸盒要符合食品安全要求,销售每一菜品都应卫生、安全,防止食品交叉污染,防止有的食品因加热不彻底,而引发食物中毒等严重事故。

总之,餐饮单品店的菜品在制作中做到严格坚持标准、突出菜品特色,讲究清洁卫生,一定会深受广大消费者的喜爱。

第五节 咖啡厅(馆、店)菜品与菜单设计

随着我国改革开放的力度不断加大,西方饮食文化不断渗透,咖啡作为一种时尚饮品逐步进入人们的日常生活。如今,咖啡厅(馆、店)遍布都市大街小巷,成为城市的一道亮丽的风景线。从广义上说,咖啡厅是以咖啡为媒介的一种饮食场所,包括酒店内的咖啡厅和街区咖啡馆、咖啡店等,它们在运营模式、服务方式、经营品种等方面均有较大的差异。

一、咖啡厅(馆、店)菜品的特点

(一)工艺简捷

咖啡厅要求出菜速度快,所以在菜品选择上,要求烹饪工艺简单,制作方便,原料通常是预先加工好的半成品或成品,如牛排可由加工厨房分割呈片状并称量好,沙拉酱汁是冻房调制好的,热菜沙司也是由主厨房事先熬制好的,面包甜品是包饼房制作好的,需要在开餐前去以上不同厨房按照领用单领回原料及半成品并保存好。因此,咖啡厅厨房无须进行复杂的加工生产过程,只需对原料略加热烹制或直接装盘即可上桌。

(二)用料规范

咖啡厅菜品制作虽然简单,但不等于说所用原料可以降低标准,反而应该对原材料的品种及新鲜程度提出更高的要求。为了保证咖啡厅菜品质量及风味特色原料更符合菜品所需的标准,有的西餐菜品所用食材及调料若国内无法供应,还需去国外进货购买,只有这样才能保证菜品的质量,让客人充分品味到正宗的咖啡厅菜品。

(三)风味丰富

咖啡厅客源多样,尤其是酒店咖啡厅,接待的客人可能来自世界各地,他们的

身份、职业、信仰、习惯、年龄等差异很大,因此,产品的设计应考虑到多种风味。中国烹饪博大精深,有大量富有特色的菜品,理应选择部分进入咖啡厅菜单,以满足不同客人的需求。

二、咖啡厅(馆、店)菜单设计要求

咖啡厅一般客流量较大,服务要求快捷,因此,菜品制作要简便,生产要快速,服务要便捷。由于咖啡厅、咖啡馆、咖啡店主要经营的产品有着一定的差异,在设计菜单时有如下要求。

(1)酒店咖啡厅一般以提供简单的西式菜肴为主,中餐菜品为辅,而咖啡、饮品只是配角。酒店咖啡厅主要提供早餐和简单的午、晚餐,营业时间一般每天在16小时以上,特别是在商务型酒店,咖啡厅是不可缺少的餐饮服务场所。因此,早餐和午、晚餐菜单设计品种相对要多,适应面要广,以满足各地宾客就餐的需求。

(2)咖啡馆菜品设计。咖啡馆一般是休闲和娱乐的场所,为了满足顾客休闲及其他饮食需求,在菜单设计时,应以咖啡、甜品和饮料为主,以简餐为辅。

(3)咖啡店菜品设计是以销售各种成品咖啡为主,其他饮品及菜品为辅。

三、咖啡厅(馆、店)菜单的设计方法

(一)咖啡厅(馆、店)菜单设计的内容

咖啡厅、咖啡馆及咖啡店客源对象不同,其菜单的设计方法也有很大的区别,具体应注意如下几点。

1. 咖啡厅

咖啡厅菜单设计一般以烹制简便、生产快捷的菜品为主,多经营一些简餐,如意面、比萨、汉堡、牛排等。餐厅一般都有正式的零点菜单,通常按菜品性质分类,主要包括:头盆或开胃菜类、沙拉类、汤类、三明治及汉堡类、意大利面食和比萨类、主菜类、甜品类、饮品类等。另外,许多酒店咖啡厅还经营商务套餐。如早餐菜单一般包括果汁类、面包类、谷物类、蛋类、饮品类等。

2. 咖啡馆

咖啡馆菜单设计一般以咖啡为主打产品,品种多,品质考究,常见品种有当日咖啡、意大利特浓咖啡、卡布奇诺、美式咖啡、拿铁、焦糖玛奇朵等;各种特色茶饮、甜品也是必备的,如各种水果茶、冷饮、松饼等;当然,也需要安排一些制作便捷的简餐,主要包括三明治、汉堡、比萨、帕尼尼、意大利面、特色吐司等。

3. 咖啡店

咖啡店菜单设计以销售成品咖啡为主,因此,对咖啡品质要求较高,要求店员有丰富的咖啡知识和熟练的调制咖啡的技术,咖啡店通常有拿铁、卡布奇诺、美式

咖啡、焦糖玛奇朵、特制咖啡等。另外,咖啡店也会提供一些蛋糕、面包等成品,陈列在展示柜中,供客人挑选。产品以适合打包外带的品种为主,咖啡、饮料也可以打包外带。

（二）咖啡厅（馆、店）菜单设计中注意事项

1. 菜品定位要服从顾客的要求

咖啡厅一般设在酒店内,菜单内容必须要满足中外客人饮食的需求,虽以简餐为主,但品种要多、要全,如菜品、面点、咖啡及其他饮品等;咖啡馆一般设在休闲娱乐场所,必须满足消费者休闲中的饮食需要,如以咖啡、甜品、水果为主,简餐可少量;咖啡店一般设在街区,经营面积比较小,以销售成品咖啡为主,其他面包甜点为辅。所以,在菜单设计中要根据顾客消费的目的及爱好,企业的经营规模和服务对象,及时调整菜单经营的品种及数量。

2. 菜品定价要服从市场变化

咖啡厅（馆、店）菜品定价必须根据菜品及饮品的原材料的实际成本、企业的运行成本、顾客的消费心理及餐饮市场的变化情况等因素,来确定每道菜肴的毛利率,其价格既要得到消费者的认可,又要使企业有合理的利润。有些菜品在销售中可分大份、中份、小份出售,来满足不同消费人群的需求。

3. 菜品宣传要服从企业经营模式

咖啡厅一般提供纸质菜单,有的直接铺在餐桌上,方便客人就座后即可看单点菜;咖啡馆通常以墙面菜单或灯箱菜单形式展示。有些甜点简餐制成实物或逼真的菜品模型,陈列在透明橱柜内,方便客人看实物点单;咖啡店较流行的是黑板报型菜单,除提供产品信息外,还能起到装饰墙面的作用。另外,当今流行用互联网的促销方式宣传产品,也有很好的效果。总之,菜品宣传要根据企业的经营面积、档次及方式等因素,尽量将主要菜品信息准确地告诉顾客,使消费者易看、易懂、易增加消费欲望。

（三）咖啡厅（馆、店）菜单设计实例

1. 星级酒店咖啡厅菜单实例

表 5-15　××国际品牌酒店咖啡厅零点菜单

STARTERS
开胃菜

Seared Tuna Fish Salad	
煎吞拿鱼沙拉	￥68.00
seared tuna fish on a mixed lettuce stack, served with honey, lemon and mustard seed dressing	
精心烹制的吞拿鱼配混合生菜、蜜糖、柠檬及芥末籽汁	

French Foie Gras
法式鹅肝冷切   ￥88.00
from France featured foie gras served with Remy Martin VSOP，port wine，candied fruit,
balsamic，deep sea salt
来自法国的精选鹅肝佐以人头马 VSOP、钵酒、蜜饯、橡木醋、深海盐

Herb Goat Cheese
香草山羊芝士   ￥68.00
featured goat cheese，with sweet peppers，vanilla，mixed lettuce，walnuts dressing
精选山羊芝士配甜椒、香草、混合生菜、核桃汁

Mozzarella Cheese with Tomato
番茄芝士盘   ￥48.00
fresh mozzarella buffalo and tomatoes，seasoned with olive oil and basil leaves
来自意大利的鲜水牛芝士配番茄、橄榄油和紫苏叶

Mediterranean Vegetarian Tower
地中海蔬菜沙拉   ￥36.00
marinated roasted vegetables in balsamic vinaigrette
精选烤蔬菜佐以橡木醋汁

Seasonal Vegetable Salad
时蔬沙拉   ￥36.00
served with your choice dressing（Thousand island dressing，French dressing，vinaigrette，balsamic dressing）
精选时令蔬菜配自选汁酱(千岛汁、法式香草汁、油醋汁、橡木醋汁)

SOUPS
汤

Mushroom Cappuccino
奶泡蘑菇汤   ￥36.00

Thai Tom Yum Kung Soup
泰式酸辣汤   ￥36.00

Minestrone Soup
意大利蔬菜汤   ￥36.00 元

Soup of the Day
每日例汤 ¥ 36.00

SANDWICHES
三明治

Club Sandwich
公司三明治 ¥ 55.00
triple decker sandwich with lettuce, tomato, bacon, chicken and egg, served with coleslaw salad
and French fries
多士面包夹以生菜、番茄、熏肉、鸡肉和鸡蛋,配菜丝沙拉和炸薯条

Steak Sandwich
牛排三明治 ¥ 78.00
sliced pieces of char-grilled sirloin in toasted focaccia bread with fresh tomato, onion, gherkins
and a truffle mayonnaise, served with coleslaw salad and French fries
意式香草面包夹以牛排、番茄、洋葱、酸青瓜和黑菌蛋黄酱,配菜丝沙拉和炸薯条

Pullman Sandwich
铂尔曼特色自选三明治 ¥ 65.00
your choice of walnut bread, tomatoes bread, whole wheat bread, focaccia bread or rye bread
served with ham, cheddar cheese, tuna, chicken, lettuce, tomato, onion or gherkins
自选核桃面包、番茄面包、全麦面包、意式香草面包或黑麦面包,配火腿、
芝士、吞拿鱼、鸡肉、生菜、番茄、洋葱或酸青瓜

Beef Burger
特色牛肉汉堡包 ¥ 88.00
pan-fried home made beef pate, with your choice of topped fried egg, bacon or cheese
served with coleslaw salad and French fries
经过精心腌制烹调的牛肉饼,自选配煎蛋、熏肉或芝士,及菜丝沙拉和炸薯条

PASTA & PIZZA
意大利面 & 比萨

Spaghetti Bolognese
肉酱意大利面 ¥ 65.00
spaghetti in a meat sauce, served with Parmesan cheese
意大利面加以自制肉酱烹制而成,配帕马臣芝士

Pollo Tequila di Penne

龙舌兰青柠鸡肉烩曲通粉 ￥65.00

penne pasta with chicken chucks, onion and fresh cilantro in a tequila-lime sauce

选用曲通粉、鸡肉、洋葱、意大利平叶芹加以龙舌兰酒及青柠烹制而成

Pizza Quattro Formaggi

四季比萨饼 ￥68.00

9 inches mussels, ham, artichokes, mushroom, tomato with mozzarella cheese

9 英寸比萨配青口贝、火腿、雅枝竹、蘑菇、番茄和马苏里拉芝士

Pizza Deluxe

自制比萨饼 ￥68.00

make your own pizza by choosing the topping you like(five kinds):

salami, Parma ham, pepperoni, smoked chicken breast, shrimp, mussels, tuna, anchovies, onions, peppers, mushroom, olive, sun dried tomato, fresh cherry tomato, spinach, artichoke, mozzarella cheese, cheddar cheese, buffalo cheese

任选以下配料(五种):

意大利萨拉米肠、帕尔玛火腿、胡椒辣米肠、烟熏鸡胸、虾仁、青口贝、金枪鱼、银鱼柳、洋葱、菜椒、蘑菇、橄榄、风干番茄、新鲜樱桃番茄、菠菜、雅枝竹、意大利马苏里拉芝士、车达芝士、水牛芝士

MAIN COURSE
主菜

Crispy Skin Salmon

扒三文鱼 ￥198.00

grilled Salmon fish with Italian roasted vegetable and balsamic sauce

扒三文鱼配意大利烤蔬菜和橡木醋汁

Teriyaki Rib Eye Steak

日式肉眼扒 ￥198.00

tender chunks of rib eye steak, marinated in teriyaki sauce, char-broiled, served with teriyaki glaze and fresh green salad

专为您挑选的牛肉眼扒,经日式烧烤汁腌制后,炭烧而成,配蔬菜沙拉

Beef Fillet with Asparagus Black Pepper Sauce

煎牛柳配芦笋黑椒汁 ￥208.00

broiled tenderloin covered with black pepper sauce, served with potato, mushroom, hash

炭烧牛柳配马铃薯饼、蘑菇、黑椒汁

续表

Lamb Chops

迷迭香羊扒　　　　　　　　　　　　　　　　　　　　　　　　　　¥ 168.00

maitre lamb chops marinated with fresh rosemary and garlic, broiled and served with port wine reduce, hummus sauce and sautéed spinach

用迷迭香和蒜腌制的羊扒,配钵酒汁、炒菠菜

Baked Baby Lobster

焗小青龙　　　　　　　　　　　　　　　　　　　　　　　　　　　¥ 188.00

baby lobster with scallop in Australia, vanilla stick, black caviar, cauliflower cream sauce

澳洲小青龙配以澳洲带子、香草棒、黑鱼子酱、奶油花菜汁

Cream of Mushroom Sauce Chicken

奶油蘑菇烩春鸡　　　　　　　　　　　　　　　　　　　　　　　　¥ 88.00

chicken with porcino, chantarelle, fresh vegetables with cream sauce

鸡肉配以牛肝菌、鸡油菌、新鲜蔬菜、奶油汁

ASIAN FAVARITES
亚洲风味

Chicken Curry

咖喱鸡　　　　　　　　　　　　　　　　　　　　　　　　　　　　¥ 68.00

curry chicken and potatoes, served with steamed rice and papadoms

咖喱煮鸡和马铃薯,配米饭和薄脆

Nasi Goreng

印尼炒饭　　　　　　　　　　　　　　　　　　　　　　　　　　　¥ 78.00

Indonesian fried rice with shrimps, chicken and vegetables, topped with fried egg, served with chicken and beef satay, prawn crackers and peanut sauce

精选鲜虾、鸡肉和蔬菜炒米饭,配煎蛋、鸡肉和牛肉沙爹、虾片及花生酱

Duck Blood Soup with Glass Noodles

鸭血粉丝汤　　　　　　　　　　　　　　　　　　　　　　　　　　¥ 36.00

duck blood, liver, intestines, glass noodles, duck soup

鸭血、鸭肝、鸭肠、粉丝和鸭肉高汤

Nanjing Beef Noodles in Soup

南京牛肉面　　　　　　　　　　　　　　　　　　　　　　　　　　¥ 58.00

续表

Your Choice of Fried Rice

自选炒饭　　　　　　　　　　　　　　　　　　　　　　　　　　　￥52.00

deliciously fried rice with you choice "Yangzhou" style, seafood or vegetarian

自选扬州炒饭、海鲜炒饭或素食炒饭

Hainanese Chicken Rice

海南鸡饭　　　　　　　　　　　　　　　　　　　　　　　　　　　￥68.00

tender boiled chicken and chicken flavored rice, served with a bowl of steaming broth,

complemented with ginger, chili and dark soya sauce

传统煮鸡和烹制的鸡饭,配浓香的鸡汤、自制的姜蓉、辣椒酱和酱油

DESSERTS
甜品

Vanilla Cream Brule

香草奶油布丁　　　　　　　　　　　　　　　　　　　　　　　　　￥38.00

served with caramel sauce and raspberry compote

配焦糖汁和浓缩桑梅

Orange Baked Cheese Cake

香橙烤芝士蛋糕　　　　　　　　　　　　　　　　　　　　　　　　￥48.00

with sorbet

配冰糕

American Chocolate Cake

美式巧克力蛋糕　　　　　　　　　　　　　　　　　　　　　　　　￥48.00

chocolate mousse, wrapped in chocolate leaf

一款风靡美国的巧克力慕斯蛋糕

Tiramisu Cake with Kahlua Sauce

意大利鲜芝士蛋糕　　　　　　　　　　　　　　　　　　　　　　　￥58.00

Seasonal Fruit Platter

时令鲜果盘　　　　　　　　　　　　　　　　　　　　　　　　　　￥36.00

Ice Cream Selection

各式雪糕　　　　　　　　　　　　　　　　　　　　　　　　　　　￥38.00

two scoops of your favorites and topping

自选各式口味的双球雪糕

2. 咖啡馆菜单实例

表 5-16　××品牌连锁咖啡馆菜单

1. 咖啡		2. 冰咖啡	
当日咖啡	￥19	冰美式咖啡	￥24
意式咖啡	￥21	冰拿铁	￥29
美式咖啡	￥24	冰卡布奇诺	￥29
卡布奇诺	￥29	冰摩卡	￥32
摩卡咖啡	￥32	冰香草拿铁	￥32
榛果焦糖拿铁	￥32	冰白巧克力拿铁	￥32
白巧克力拿铁	￥32	冰越南拿铁	￥32
香草拿铁	￥32	冰榛果焦糖拿铁	￥32
越南拿铁	￥32	冰五谷杂粮拿铁	￥33
焦糖玛奇朵	￥33	冰焦糖玛奇朵	￥33
咖啡拿铁	￥29	冰红梅焦糖摩卡	￥35
棉花糖热巧克力	￥32	焦糖冰乐	￥32
红茶拿铁	￥33	抹茶冰乐	￥32
抹茶拿铁	￥33	巧克力冰乐	￥32
甜南瓜拿铁	￥33	杧果思慕雪	￥33
紫薯拿铁	￥33	天使思慕雪	￥33
五谷杂娘拿铁	￥33	冰红茶（杧果、柠檬）	￥24
红莓焦糖摩卡	￥35	冰蜂蜜红参茶	￥29
白提拉米苏拿铁	￥35	冰蜂蜜生姜茶	￥30
巧克力薄荷拿铁	￥35	冰激凌意式咖啡	￥35
		4. 水果茶	
3. 冰淇淋		蜂蜜红参茶	￥29
冰激凌	￥29	蜂蜜柠檬茶	￥29
加冰激凌	￥23	蜂蜜柚子茶	￥30
		蜂蜜生姜茶	￥30
		莓果茶	￥30
5. 鲜榨果汁		**6. 汽水**	
鲜榨杧果橙汁	￥33	柠檬汽水	￥28
鲜榨苹果胡萝卜汁	￥33	粉红柠檬汽水	￥30
鲜榨橙汁	￥33	蓝柠汽水	￥30
鲜榨西瓜汁	￥33	柚子汽水	￥30
鲜榨猕猴桃汁	￥33	莓果汽水	￥30
鲜榨草莓汁	￥33	莫吉托	￥30
		红莓莫吉托	￥30

续表

7. 松饼		9. 简餐	
原味松饼	￥28	火腿芝士帕尼尼	￥42
芝士松饼	￥33	韩式烤牛肉帕尼尼	￥42
巧克力松饼	￥38	蘑菇芝士帕尼尼	￥42
莓果松饼	￥62	韩式烤牛肉汉堡	￥45
草莓松饼	￥52	金枪鱼三明治	￥35
水果冰激凌松饼	￥38	酸奶水果沙拉	￥38
坚果松饼	￥52	芝士玉米粉圆饼	￥23
8. 面包		烤牛肉圆饼	￥32
蜂蜜面包	￥28	经典法式吐司套餐	￥45
马苏里拉	￥28	火腿三明治套餐	￥45
焦糖肉桂面包	￥33	B.L.T 三明治	￥35
草莓面包	￥28	蔓越莓鸡肉三明治	￥42
水果冰激凌面包	￥35	金枪鱼沙拉	￥38
杏仁法式吐司	￥28		
意式鸡肉吐司	￥35		

3. 咖啡店菜单实例

表 5-17　××国际品牌咖啡店菜单（2017）

饮料				美食	
品类	售价			品类	售价
新春特饮	中	大	超	**新春新品**	
福满栗香玛奇朵	32	35	38	草莓拿破仑	24
如意桃花红茶拿铁	31	34	37	草莓瑞士卷	18
				草莓奶香蛋糕	24
经典咖啡	中	大	超	浓情巧克力蛋糕	24
焦糖玛奇朵	31	34	37	栗子蛋糕	24
香草拿铁	30	33	36	叉烧菠萝包	16
拿铁	27	30	33	台式卤肉三明治	24
卡布奇诺	27	30	33	新春意面沙拉	25
摩卡	30	33	36		

续表

饮料				美食	
品类	售价			品类	售价
美食咖啡	22	25	28	**三明治**	
榛果拿铁	30	33	36	法式鸡肉三明治	26
密斯朵咖啡	20	23	26	蛋香培根三明治	15
新鲜调制咖啡	17	20	23	吞拿鱼谷物三明治	22
				凯撒鸡肉卷	28
茶饮及热巧克力	中	大	超	经典法式热金枪鱼芝士培根三明治	20
英式红茶拿铁	27	30	33	意式牛肉佛卡西亚	22
抹茶拿铁	30	33	36	烤法式三明治	15
热巧克力	27	30	33		
				蛋糕	
冰饮系列	中	大	超	经典瑞士卷	18
冰焦糖玛奇朵	31	34	37	白巧克力桑莓乳酪蛋糕	26
冰香草拿铁	30	33	36	红樱桃芝士蛋糕	24
冰拿铁	27	30	33	纽约芝士蛋糕	22
冰卡布奇诺	27	30	33	巧克力豆乳酪蛋糕	24
冰摩卡	30	33	36	VIA 经典提拉米苏	22
冰美式咖啡	22	25	28	巧克力榛果脆脆蛋糕	24
冰榛果拿铁(部分店)	30	33	36	红樱桃雷明顿	8
冰摇红莓黑加仑茶	24	27	30	酸奶优格雷明顿	8
冰摇杧果木槿花茶	24	27	30	巧克力雷明顿	8
				蓝莓优格杯	16
星冰乐咖啡	中	大	超		
浓缩咖啡星冰乐	30	33	36	**面包**	
咖啡星冰乐	26	29	32	太妃榛果麦芬	16
摩卡星冰乐	30	33	36	黑森林麦芬	16
焦糖咖啡星冰乐	30	33	36	缤纷果子麦芬	16
特浓焦糖咖啡星冰乐	33	36	39	蓝莓麦芬	16
				红豆松饼	16

续表

饮料				美食	
品类	售价			品类	售价
星冰乐无咖啡	中	大	超	芝士松饼	16
香草星冰乐	28	31	34	提子干松饼	14
巧克力星冰乐	28	31	34	燕麦焦糖布丁面包	12
抹茶星冰乐	30	33	36	红烩牛肉酥	18
焦糖星冰乐	30	33	36	法式牛角可颂	12
可可碎片星冰乐	32	35	38	牛肉芝士可颂	15
				香浓咖喱派	16
星冰乐果茶	中	大	超		
杧果西番莲果茶星冰乐	28	31	34	**沙拉**	
				水果杯	16
				烟熏鸡肉沙拉	22

四、咖啡厅(馆、店)菜肴制作的注意事项

咖啡厅(馆、店)菜品制作因供应的品种不同,每个菜品在制作中均有具体的标准及要求,特别要注意如下几点。

1. 要控制菜品的数量

咖啡厅(馆、店)在菜品制作时必须要控制数量,无论制作菜肴、面点,还是调制咖啡及饮品,都应根据顾客的流量及爱好,掌握每一品种的制作数量,如制作过多,放置时间过长或再放入冷冻设备中,直接影响菜品的口味和质量;制作太少,不能保证供应,影响经营效果。所以,每天菜品制作数量最好以当天制作、即日用完为好。

2. 要掌握菜品的质量

咖啡厅(馆、店)的菜品及饮品质量的好坏直接关系企业的声誉,所以在菜品制作或者调制咖啡及饮品时必须按操作程序、规范、标准执行,不能偷工减料,不能以次充好,不能短斤少两,生产出的成品要求色、香、味、形、质始终如一,只有这样,才能赢得顾客的青睐。

3. 要注重菜品的服务

咖啡厅(馆、店)除给顾客创造良好形象和休闲环境外,在菜品制作和调制咖

啡及饮品时要做好服务工作,因为咖啡厅(馆、店)很多菜品及饮品会当着顾客的面操作(又称客前烹制),所以,在服务时一要注意卫生,动作要干净利落,使客人吃得放心;二要注意安全,尤其一些用炸、煎、烤等烹调方法,在烹制或分割菜品时,不能把水、油溅到客人的身上,在用电、用气时一定保证安全,防止伤害顾客人身安全的事故发生。

本章小结

　　本章较全面地阐述了快餐店、外卖餐厅、烧烤餐厅在菜品、菜单设计中的特点、要求和方法,尤其在菜单设计过程中,强调了注意的事项,并以菜单实例来加以说明,使学生加深了对菜单设计的理解,同时还明确了快餐店、外卖餐厅、烧烤餐厅在制作菜肴中应掌握的程序、方法和技巧,强调在学习中坚持理论联系实际,以便较好地掌握快餐店、外卖餐厅、烧烤餐厅菜单的设计与制作注意事项等。

【思考与练习】

一、职业能力应知题

　　1. 快餐店菜单菜品设计有哪些特点? 有何要求?

　　2. 自选式快餐菜品菜单设计中应注意哪些事项?

　　3. 外卖餐厅菜品菜单设计的特点和要求怎样?

　　4. 外卖餐厅菜品菜单设计应注意哪些事项? 并举例说明。

　　5. 烧烤餐厅菜品菜单设计的特点和要求有哪些?

　　6. 在设计烧烤菜单时应注意哪些事项?

　　7. 餐饮单品店菜品与菜单设计有哪些? 有何要求?

　　8. 餐饮单品店菜品制作时应注意哪些事项? 并举例说明。

　　9. 咖啡厅菜品与菜单设计有哪些特点? 并举例说明。

二、职业能力应用题

　　1. 试设计 3 份不同品种的"指定式早餐快餐菜单",每份早餐售价均为 3.00 元,销售毛利率 40%。

　　2. 试设计 3 份不同规格的"指定式正餐快餐菜单",每份售价分别是 6.00 元、10.00 元、12.00 元,销售毛利率均为 50%。

3. 试设计 5 套"饭菜类外卖菜单",每份售价 10.00 元,销售毛利率 45%,并写明每份菜单所用的原料及数量。

4. 制作烧烤菜肴时应掌握好哪些关键点? 试举例说明。

5. 试设计一份以面条为主的单品店菜单,品种不少于 15 种,每个品种成本自定,销售毛利率 50%,并写明每个品种的售价。

6. 试设计一份咖啡馆零点菜单,品种不少于 40 种,并写明每个品种的售价。

第 *6* 章

特种餐菜品与菜单设计

学习目标

- 掌握火锅菜品与菜单设计中的特点、要求及方法
- 掌握自助餐的种类、特点及菜单与菜品设计的方法
- 了解鸡尾酒会与自助餐菜单与菜品在设计和菜肴制作中的区别
- 掌握客房送餐菜单与菜品设计的特点、要求及方法

特种餐菜单,就是根据人们的饮食方式及饮食对象的特殊要求而设计的菜单。餐饮企业为了满足一部分消费群体求新、求特、求奇的饮食需求,推出各类特种菜品来吸引广大顾客。这对餐饮企业增加服务项目、提高收入、促进企业发展有着积极的意义。

常见的特种餐菜单有火锅菜单、自助餐菜单、鸡尾酒会菜单、客房送餐菜单等。这些特种餐深受广大顾客的欢迎。

第一节　火锅菜品与菜单的设计

火锅,是炉、炊、餐具三位一体的食具。火锅由于使用方便、气氛热烈,历来都受到广大消费者的青睐。

一、火锅的种类

火锅在全国各地广泛流行,种类较多,各具特色,常见的火锅有如下几大类:

(1)按火锅组成结构划分,有单体火锅、分体火锅、鸳鸯火锅、三格火锅、四格火锅、五格火锅、八格火锅、多格火锅、各客火锅等。

(2)按火锅使用的燃料划分,有木炭火锅、煤炭火锅、液化气火锅、酒精(包括固体酒精)火锅、电火锅、甲烷(包括天然气)火锅、煤油火锅等。

（3）按火锅制作材料划分，有铜火锅、不锈钢火锅、陶瓷火锅等。

（4）按火锅经营的形式划分，有自助餐火锅、零点火锅、套餐火锅等。

（5）按火锅所用原料划分，有毛肚火锅、泡菜火锅、菊花火锅、药膳火锅、鱼头火锅、酸菜鱼火锅、肥肠火锅、甲鱼火锅、海鲜火锅、三鲜火锅、豆花火锅、风鸡火锅、羊肉火锅、肥牛火锅、全素火锅、四喜火锅、什锦火锅等。

（6）按火锅调料的口味划分，有白汤火锅（咸鲜味）、红汤火锅（麻辣味）、鸳鸯火锅（一边白汤，一边红汤）、三味火锅（白汤、红汤、酸辣汤）、咖喱火锅、奶酪火锅等。

二、火锅菜品的特点

（一）原料使用广泛

火锅菜品设计通常以已加工好的生鲜原料为主要内容，根据火锅的品种，可选择各种动植物加工制品原料作为火锅菜肴的主要原料，如动物类原料有牛、羊、猪、鱼、虾、蟹、贝类、鸡、鸭、鹅、鸽子、鹌鹑及一些野味等；植物性原料有大白菜、青菜、萝卜、茭白、丝瓜、黄瓜、番茄、包菜、菠菜、百合、芹菜等；加工制品原料有豆腐、百叶、茶干、粉丝、粉皮、腐竹、香肠、鱼圆等。凡是能用丁制作菜肴的原料几乎都能用作火锅主料。所以，设计火锅菜单时，应充分利用火锅用料广泛的特点，满足不同人群的饮食需求，如南方人喜食鱼、虾蟹、贝类等；北方人喜食牛、羊、猪、禽类；伊斯兰教信徒不吃猪肉，佛教徒有些喜食素食等。可以根据顾客的职业、年龄、民族、宗教信仰、身体状况及饮食习惯，设计出不同的菜单。

（二）汤料富有变化

火锅菜品除主要原料外，汤料（含火锅底料，称底汤）也十分讲究。不同的汤料有着不同的口味，如红汤（麻辣汤），用浓汤与辣椒、豆瓣、豆豉、冰糖、精盐、黄酒、多种香料等熬制而成；白汤，又称咸鲜汤，用老母鸡、肥鸭、猪蹄或猪骨头、火腿、肘子、猪瘦肉、葱、姜、料酒、精盐等熬制而成；还有各种咖喱汤料、奶酪汤料、酸辣汤料、药膳汤料、鱼香汤料、怪味汤料等，加上各种蘸料味碟，使口味更富有变化。所以，在设计火锅菜品时，可根据顾客口味，设计出不同的汤料，使火锅的菜肴口味更加丰富。

（三）顾客自烹自食

火锅菜品原料、汤料以及蘸料味碟，由顾客根据自己的饮食爱好自行调味，自烹自吃。根据火锅这一特点，在设计菜品时，可根据不同的地区、不同的季节、不同的饮食对象设计出品种多样、口味多变、营养丰富的火锅菜品，使顾客在就餐的同时享受到自己动手、满足口福的乐趣。

（四）经营灵活多样

火锅菜品的设计不但可以以商务客人为主要服务对象,而且可以面向广大的工薪阶层。火锅所用原料广泛,成本可高可低,服务比较简单,烹调设备投资相对要少,因此,生产成本相对较低。根据这一特点,餐饮企业可根据餐厅的装潢档次,一方面可以提供一些高档原料如山珍海味、生猛海鲜,满足高消费人群的饮食需求;另一方面可以将目标市场转向广大的工薪阶层,设计一些价廉物美、经济实惠的火锅菜品。在经营方式上,可以按每人费用包餐的形式,提供各种原料,由客人自助食用,也可以零售形式对每一品种明码标价,由客人根据自己的饮食爱好现点现烹调。

三、火锅菜品的设计要求

在设计火锅菜品时,不但要根据火锅的特点研究、掌握其中的规律,还要根据顾客的饮食需求,在菜品设计中做到原料新鲜、汤料正宗、蘸料丰富、操作安全等。

（一）原料要新鲜

火锅菜品所提供的原料往往是已经加工好的生料或成品与半成品,如果是自助餐火锅,这些原料直接展示在餐厅中,由顾客自选,再放入火锅中烫熟食用。所以,凡是自助餐火锅所提供的原料必须要新鲜卫生,无泥沙,无污染物,否则,顾客在烫涮时消毒不彻底,很可能会引起食物中毒。

（二）汤料要正宗

火锅菜品的滋味在很大程度上取决于火锅的底料与汤料。所以,在设计火锅汤料(含底料)时,必须严格按标准办事,做到各种配料的比例要恰当,操作程序、方法要正确,不可随心所欲,忽多忽少。只有这样,火锅汤料(含底料)的口味才能始终如一、醇厚正宗。

（三）蘸料要丰富

除正确选择主料、认真制作汤料(含底料)外,蘸料也很重要。蘸料味碟是火锅菜品不可缺少的一部分,也是决定火锅口味变化的关键,所以在加工蘸料味碟时,品种要多,口味要好,常见的有蒜泥味碟、辣油味碟、麻油味碟、辣酱味碟、韭菜花味碟、酸醋味碟、麻酱味碟、美极味碟等。

（四）火锅要安全

火锅的菜品设计最重要的是注意火锅在使用中的安全,因为火锅所用的燃料各不相同,有用液化气、煤气、汽油、酒精等易燃易爆原料的,有用木炭、煤炭等易污染的燃料的,有用电来加热的,这些燃料一旦使用不当,容易危及顾客的人身安全。所以,最好选用最安全的燃料,防止伤害顾客,同时还要注意火锅汤汁不宜太多,火焰不宜太大,以防烫伤顾客。

四、火锅菜单的设计方法

火锅菜品的种类很多,现主要从餐饮企业经营的形式来研究自助餐火锅与零点火锅的菜单设计方法。

(一)自助餐火锅菜品设计方法

1.自助餐火锅菜品设计的内容

自助餐火锅菜品的设计,一般以一种或多种原料来确定火锅的主题,如海鲜火锅、小肥羊火锅、肥牛火锅、药膳火锅等,但其主料必须突出火锅主题,其他原料可根据收费标准确定。原料可提供高档原料,也可提供一般化的原料,如海鲜原料、河鲜原料、家禽原料、蔬果原料、加工制品原料等。

2.自助餐火锅菜品设计中的注意事项

(1)注意确保火锅主料的质量。火锅主料每餐提供多少数量主要根据就餐人数来决定:人数多,原料的品种和数量相应要多一些;人数少,原料数量与品种适当少一点。一般来讲,自助餐火锅需提供40~60种品种,原料的品质的高低,主要看费用标准,标准高,原料品质就高一些;标准低,原料的品质可低一些。如提供高档原料或单价偏高的原料,不宜一次性全部搬进餐厅,应当分时分批供应。这样做,一是控制数量,避免先到餐厅的顾客可以享受这些原料,而后来餐厅就餐的顾客吃不到这些高档原料;二是防止这些高档原料一次性放入餐厅因就餐者多、餐厅温度高,原料容易吹干变质。

(2)注意火锅原料色、香、味、形的和谐。火锅主料一般多达几十种,蘸料味碟达到20多种,怎样使火锅所有原料在色、香、味、形等方面达到理想的效果,最主要是在设计菜品时,要注意多种原料搭配和谐,如原料有荤有素,色泽五颜六色;蘸料味碟多滋多味,形状各色各样;装盘的造型千姿百态,使这些原料一旦展示在餐厅,就能增加顾客的食欲,吸引更多的顾客来就餐。

(3)注意客人的不同饮食爱好。因地区不同、生活习惯不一,饮食习惯也各不相同,如有些人喜食山珍海味、生猛海鲜,有些人喜食鸡、鸭、鱼、肉、蔬菜制品,有些人喜欢有刺激性的麻辣口味,有的喜欢口味平和的咸鲜味等。因此,在设计菜单时,要根据本地区的饮食习惯和目标客人的生活习惯,按饮食标准及饮食爱好,尽量安排一些美味可口的菜肴。

3.自助火锅菜单实例

表 6-1 某餐厅自助淡水产品为主的火锅菜单
标准:88.00 元/位,另收座汤 10.00 元

汤料(又称座汤)								
红汤	白汤	酸菜汤	咖喱汤					
水产类								
活江虾	鳗鱼片	鳜鱼条	鲇鱼丁	甲鱼块	乌鱼片	鲃鱼	银鱼	鲢鱼头
泥鳅	江蚬	田螺	螃蟹	鱼丸	虾丸			
畜禽类								
羊肉片	牛柳	猪肉丝	猪腰片	鸡片	鸭掌	猪肝片	鹌鹑蛋	牛百叶
肉丸								
蔬菜类								
香菇	平菇	猴头菇	金针菇	木耳	银耳	菠菜	大白菜	青菜	荠菜
生菜	豆腐	粉丝	粉皮	腐竹				
面食类								
荠菜水饺	面条	小馄饨	藕粉圆子	河粉	米饭			
瓜果类								
香蕉	橘子	西瓜	哈密瓜	樱桃	番茄	猕猴桃		

(二)零点火锅菜品设计方法

1.零点火锅菜品设计内容

零点火锅菜品设计的内容,与一般零点菜品有很多相似之处,但其主料大多数是加工的生料及半成品制品直接供客人选用。零点火锅菜品的种类与自助餐火锅种类也差不多,其区别在于每一主料都明码标价,便于顾客根据自己的消费水平,自由选择自己喜食的原料。

2.零点火锅菜品设计中的注意事项

(1)每种主料必须准备充足。零点火锅菜品一旦确定,各种原料必须都要准备好,尤其对一些顾客喜食的原料更要准备充分,因为每餐的零点顾客来餐厅就餐的人数很难确定,他们喜欢哪些原料也不易估计,所以,只有各种原料准备充分,才能保证供应。

(2)成本核算要正确。零点火锅所提供的每一种原料都要精心核算,如对各种肉类、水产类、蔬菜类等各种原料的采购价格、拆卸率、净料率要了如指掌,每种原料的毛利率、售价要明确,火锅的底料、汤料及蘸料味碟的成本均要核算准确,才

能保证餐饮企业的正常盈利,并维护消费者的权益。

3.零点火锅菜单实例

表6-2 某餐馆零点火锅菜单实例

动物性原料			
名　　称	售价(元/50克)	名　　称	售价(元/50克)
薄片羊肉	2.00	鱿　鱼	2.00
牛　柳	3.00	鱼　丸	2.00
腰　片	2.00	虾　丸	2.00
猪　肝	2.00	肉　丸	2.00
牛百叶	2.00	毛　蟹	3.00
鸡　片	2.00	鳝鱼片	2.00
鸭肫片	2.00	青鱼片	2.00
黑鱼片	2.00	甲鱼块	2.00
猪肉丝	2.00	鳜鱼片	3.00
猪　肉	2.00	田　螺	2.00
植物性原料			
名　　称	售价(元/份)	名　　称	售价(元/份)
香　菇	2.00	豆　苗	2.00
金针菇	2.00	青　菜	2.00
蘑　菇	2.00	大白菜	2.00
绿豆芽	2.00	菠　菜	2.00
黄豆芽	2.00	丝　瓜	2.00
豆　腐	2.00	番　茄	2.00
腐　竹	2.00	黄　瓜	2.00
木　耳	2.00	花　菜	2.00
银　耳	2.00	茼　蒿	2.00
生　菜	2.00	藕　片	2.00

续表

汤料			
名　　称	售价(元/份)		
红　汤	10.00		
白　汤	10.00		
酸辣汤	10.00		

表 6-3　某餐馆零点药膳火锅菜单实例

汤料			
人参乌鸡汤	30.00	山药野鸡汤	35.00
黄芪羊肉汤	30.00	虫草野鸭汤	35.00
天麻乌鱼汤	35.00	当归牛尾汤	35.00
枸杞龟鳖汤	70.00	海马鸽子汤	40.00
海鲜类			
墨鱼片	25.00	鲜　贝	20.00
基围虾	50.00 元/250 克	青口贝	20.00
八爪鱼	20.00	海螺片	30.00
象鼻蚌	40.00	鳗鱼片	25.00
文　蛤	18.00	鲈鱼片	20.00
河鲜类			
活河虾	20.00	青鱼片	10.00
黑鱼片	20.00	毛　蟹	30.00
鳝鱼片	25.00	鱼　丸	20.00
鳜鱼片	30.00	虾　丸	25.00
银　鱼	20.00	田　螺	20.00

续表

禽肉类			
山鸡片	25.00	牛百叶	10.00
野兔片	25.00	猪腰片	20.00
鸵鸟片	25.00	猪肉片	15.00
野鸭片	25.00	鸭　掌	15.00
牛肉片	20.00	羊肉片	20.00
蔬菜类			
青　菜	6.00	鲜　蘑	8.00
大白菜	6.00	猴头菇	8.00
菠　菜	6.00	金针菇	8.00
菊花脑	6.00	木　耳	8.00
香　菜	6.00	粉　丝	8.00
平　菇	8.00	豆　腐	6.00
面食类			
青菜水饺	10.00	白米饭	2.00
云　吞	10.00	八珍血糯饭	3.00
面　条	10.00	什锦炒饭	3.00

五、制作火锅菜肴的注意事项

火锅菜肴与普通菜肴在制作上有很大的区别,火锅菜肴只是将主料加工后,配上适量汤料及蘸料味碟,直接由顾客自烹自调。所以,火锅菜肴的制作有其特殊要求。

(一)原料加工制作要求

火锅菜肴原料的加工、切配十分讲究,所有原料的加工、切配,要符合火锅烹调的要求,一是原料必须要新鲜卫生,防止将不符合卫生要求的有毒动物、植物原料用于火锅,否则易食物中毒;二是切配的原料尽量少骨无筋,形状不宜太大或太小,因为原料放火锅中加热,太大了不易成熟,太小了不便顾客取食。

(二)制作汤料(底料)要求

火锅汤料(底料)制作的优劣,直接关系火锅菜肴的口味,在制作中应掌握如下要领:

(1)要洗净香料及辣椒外表上的灰尘。一般香料及辣椒外表均粘有灰尘,一定要用清水快速洗干净,否则汤中有"灰尘味"。

(2)要正确掌握火候。在制作汤料时,一般都把各种香料炒香,便于香味和色素渗出,但在炒制时火力不宜太大或太小,火力太大,易焦煳;火力太小,香味和色素等不易分解。一般以中火为好。

(3)要正确掌握各种配料的比例。在制作汤料时,放入的各种香料数量比例要恰当,香料的品种和数量要多少适中,多了,汤中易产生苦涩味(中草药的味道),影响汤的口味;少了,汤汁不香,汤色不正。

(三)制作蘸料味碟要求

蘸料味碟是食火锅菜不可缺少的一部分,它可以起到调节口味、增加香味、增进食欲的作用,在制作中要注重如下几点:

(1)注重蘸料每天制作的数量。蘸料味碟的品种很多,但每次制作的数量不宜太多,多了会导致放置的时间太长,容易变质变味而造成浪费,最好当天制作,当天用完。

(2)注重蘸料制作的研究。对每一种味型都要加以研究,其比例关系、顾客的喜爱程度等,及时调整味型。如辣酱味碟,在中西部地区辣味可浓一些,在东部地区辣味可淡一些。同时,要根据目标顾客的饮食爱好及口味,多制作一些味型,以满足不同顾客的口味要求。

(3)注重蘸料的保管方法。每个品种无论是展示在餐厅或放置在厨房中,均必须加盖,防止灰尘及苍蝇虫鼠侵入,影响卫生。同时,每天对多余的蘸料必须清理后加盖放入冷藏仓库或冰箱中保管,对一些即将变质的蘸料应及时清理掉,不可再用。

第二节　自助餐菜品与菜单的设计

现在有许多大型酒店与餐饮企业设计出各种各样的自助餐来招徕顾客,因其就餐形式比较自由,不必讲究传统的餐桌礼仪而深受大众的欢迎。

一、自助餐的种类

自助餐因安排灵活、自由轻松、节俭实惠,被餐饮企业广泛采用,并创造出形式

多样的自助餐,大体分为如下几种:

(1)按自助餐的餐别来划分,可分为早餐自助餐、中餐自助餐、晚餐自助餐、夜宵自助餐等。

(2)按自助餐的档次来划分,可分为经济自助餐、普通自助餐、高档自助餐(含自助餐宴会)等。

(3)按自助餐的主要原料来划分,可分为海鲜自助餐、江鲜自助餐、农家菜自助餐、山珍海味自助餐、牛羊肉自助餐等。

(4)按自助餐的国别来划分,可分为法国菜自助餐、意大利菜自助餐、泰国菜自助餐、俄罗斯菜自助餐、日本菜自助餐、巴西菜自助餐等。

(5)按自助餐的烹调方法来划分,可分为烧烤自助餐、火锅自助餐、铁扒自助餐、炖焖自助餐等。

(6)按自助餐的风味来划分,可分为中餐自助餐、西餐自助餐、中西混合自助餐等。

二、自助餐菜品的设计特点

(一)菜品多种多样

自助餐菜品的多少一般根据就餐人数的多少、自助餐风味等因素来决定,多者100多种,少者也有20~50种,但菜品必须丰富多彩,如中、西混合自助餐,有冷菜类、沙拉类、热菜类、烧烤类、面食类、甜羹类、水果类、主食类、饮料类等。而这些菜品在顾客用餐前将全部展示在餐厅内。为了增加场面的隆重气氛,往往用一些大型的食品雕刻,如冰雕、黄油雕、瓜果雕,以及水果、鲜花、餐具及其他艺术品来装饰桌面,使自助餐的菜品展台色彩缤纷、富丽堂皇,给顾客留下深刻印象。

(二)标准可高可低

自助餐的规格标准多种多样,有的用于便饭,面向大众,每位每餐就餐标准几十元;而一些重大的招待会、特色宴会、商务宴会等自助餐,就餐标准每位每餐多达上百元或几百元。由于用餐费用标准不统一,菜肴的品种差别也很大:高档自助餐有山珍海味、生猛海鲜、禽蛋畜肉、各种时蔬等菜品,丰富多彩;而经济型、普通型的自助餐用各种水产类、禽蛋类、畜肉类、蔬菜类等原料制成菜肴,同样要求品种繁多、口味多样、色彩丰富。但可根据用餐费用的标准,在原料的贵贱、环境装饰、桌台的布置等方面有一定的区别,使客人感到物有所值。

(三)规模可大可小

自助餐的规模一般在50~500人,多者可达1000人。它最大的特点是因餐厅不设固定的席位,灵活性较强,如对客人人数预计不准的情况下,一般对饮食供应的数量、餐厅的空间和座位数的影响不大。餐饮企业可根据自助餐的规模,对菜肴的制作、餐厅的布置提前准备,各种菜品在开餐前可一起上桌,不必像传统的宴席一定要按上菜的顺序进行。

（四）形式自由自在

自助餐的就餐形式具有不排席位、自我服务、自由取食、随意攀谈等方面的特点,打破了传统的就餐礼仪,客人可多次去菜品展台取食,挑选自己最喜食的菜品。这种就餐形式有利于客人进行社交活动,有利于餐厅企业加强管理,降低经营成本。

三、自助餐菜单与菜品的设计要求

自助餐菜单设计不但要根据自助餐的特点与风味,还要根据就餐的规模与标准等多方面的因素来设计菜单。

（一）要选准菜肴品种

自助餐设计主要根据自助餐的规模、档次、风味、标准及主客双方的要求来设计,一般均选用大批生产且放置时间较长后,菜肴的色、香、味、形变化较小的菜品,热菜尽量选用能加热保温,而且可以反复加热的菜肴。

同时,在确定自助餐菜品时,要根据自助餐就餐人数多、消费群体广的特点,尽量选用较大众化、大家均能接受喜食的食品,避免选用口味过分辛辣刺激、太甜、太酸、太苦或造型很怪异的菜品。

（二）要突出菜品风味

自助餐设计必须要突出菜品的风味,不同的自助餐有着不同的特色。如外国自助餐有法国、意大利、瑞士、荷兰、俄罗斯、日本、印度、泰国、巴西、土耳其等不同的风味特色,我们可以根据不同国家的特征来装饰餐厅,陈列食品,播放不同国家的音乐,营造出不同国家的就餐氛围,这样会收到很好的效果。又如,中式自助餐也有江苏风味、广东风味、四川风味、山东风味、上海风味、北京风味等自助餐。另外,以突出原料为主的自助餐,有山珍海味自助餐,河鲜自助餐,野味自助餐,全羊、全鸭自助餐等。

还有在许多大型酒店及餐饮企业广泛采纳的中西混合式自助餐,其菜品中西结合,餐台布置土洋结合,就餐形式中外结合,既吸收了国外一些先进的饮食文化,又突出我国的饮食风格。

（三）要控制菜品数量

自助餐的菜品数量控制十分重要。如果菜品数量安排过多,很可能造成浪费,影响成本核算;反之,菜品数量安排太少,就会造成顾客吃不饱。一般来讲,以每人500 克左右净生料准备为宜。例如某一餐馆有 500 人参加的一个自助餐宴会,各

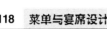

种菜品的生净原料加起来要达到 250 公斤左右,所用的原料贵贱和荤素的比例,应按自助餐标准来调配。同时,有些菜品制作后,不应全部装盘上桌,要留有余地,待客人进餐时,看哪一种菜肴顾客最喜欢,吃得最快,就要作必要的添加,这样既控制了菜品的数量,又保证菜肴的供给。

(四)要讲究餐台布置

餐台的设计直接关系自助餐的档次,它是吸引顾客的关键。为了增加气氛,在餐台的布置上宜用大型的食品雕刻、花卉及其他工艺制品来装饰,同时,对一些有特色的菜肴如烤乳猪、烤鸭等,可由服务人员在餐厅进行客前配餐表演,增加就餐气氛,再播放一些快乐高雅的音乐,使自助餐的氛围更加浓厚。

四、自助餐菜品的设计方法

许多餐饮企业为了适应不同层次客人的需要,根据预计目标客人所喜欢的菜品类别,设计出不同档次、不同餐别、不同价格、不同风味的自助餐菜品。

(一)自助餐菜品的设计内容

自助餐菜品的设计主要根据用餐的费用标准、人数、主题、菜品的风味等因素来决定,主要有如下几种:

1.中式自助餐菜品

一般分冷菜类、热菜类、汤类、面点类、甜羹类、水果类、饮料类等。

(1)冷菜类。中式冷菜一般安排 6~30 种,如白斩鸡、盐水虾、五香熏鱼、茶叶蛋等。有时为了装饰台面还拼摆几个艺术拼盘,如龙凤呈祥、百花齐放等。

(2)热菜类。自助餐的热菜一般安排 4~15 种,原料一般以鸡、鸭、鱼、虾、蟹、蔬菜等原料制成,如炸鸡块、烤鸭、咕咾肉、脆皮鱼条、椒盐大虾、蚝油生菜等。

(3)汤类。一般安排 2~4 种,如火腿冬瓜汤、山药鸡块汤、海带排骨汤等。

(4)面食类。一般安排 2~8 种,如豆沙包、炸春卷、菜肉水饺、窝窝头等。

(5)甜羹类。一般安排 2~4 种,如红枣桂圆、桂花芋头、橘子西米羹等。

(6)水果类。一般安排 2~6 种,如香蕉、橘子、苹果、葡萄等。

(7)饮料类。一般安排 2~6 种,有绿茶、豆浆、各种果汁等。

2.西餐自助餐菜品

一般分汤类、冷盘类、沙拉类、热盆类、客前烹制类、甜品与西饼(面包)类、水果类、饮料类等。

(1)汤类。一般安排 1~4 种,如炖牛尾清汤、海鲜浓汤、罗宋汤等。

(2)冷盘类。一般安排 2~8 种,如烤牛肉片、法式鹅肝、烟熏鸡胸、密瓜卷(放在小镜盒上)等。

(3)沙拉类。一般安排 2~6 种,如龙虾沙拉、海鲜沙拉、鲜什果沙拉等。

（4）热盆类。一般安排 6～15 种，如红酒煨牛脯、洋葱烩猪蹄、甜酸排骨、葡式辣鸡扒等。

（5）客前烹制类。一般安排 1～3 种，如新西兰牛柳、扒鲜大虾等。

（6）甜品与西饼（包括面包）类。一般安排 4～10 种，如吉士布丁、拿破仑饼、法式餐包等。

（7）水果类。一般安排 2～6 种，如西瓜、菠萝、香蕉、荔枝等。

（8）饮料类。一般安排 2～6 种，如牛奶、啤酒、咖啡、橙汁等。

3.中西混合自助餐菜单

中西混合自助餐菜单是为满足中外客人共同用餐的饮食需求，吸取中西饮食文化的优点而设计的，一般安排冷菜类、小吃类、沙拉类、热菜类、客前烹调类、面食类、汤类、甜羹类、水果类、饮料类等。

（1）冷菜类。一般安排 6～20 种，有盐水鸭、油爆虾、鲜果拼鸳鸯卷等。

（2）小吃类。一般安排 6～20 种，有椒盐花生米、炸臭豆腐干、蒸芋头、美国芝士饼、脆炸鲜鱿圈等。

（3）沙拉类。一般安排 2～6 种，如虾仁沙拉、蔬菜沙拉、河鲜沙拉等。

（4）热菜类。一般安排 6～12 种，如海鲜西兰花、蒜蓉沙丁鱼、黑椒汁牛排、炸土豆条等。

（5）客前烹调类。一般安排 2～4 种，如叉烧乳猪、扒鲜大虾等。

（6）面食类。一般安排 2～10 种，如朱古力花球、曲奇饼、三丁包子等。

（7）汤类。一般安排 2～4 种，如乌骨鸡双冬汤、鲜菇汤、番茄汤等。

（8）甜羹类。一般安排 2～6 种，如栗子布丁、桂花元宵、冰糖哈士蟆等。

（9）水果类。一般安排 2～6 种，如哈密瓜、香蕉、荔枝等。

（10）饮料类。一般安排 2～6 种，如啤酒、牛奶、咖啡、绿茶等。

（二）自助餐设计的注意事项

1.要了解宾客的组成情况

在设计各种自助餐之前，必须要了解自助餐的主题及客人的组成，有些是招待会自助餐，有些是商务宴会自助餐，还有的是一般性便饭自助餐。由于自助餐的主题不同，就餐者有很大的区别，有些自助餐外国人很多，有些自助餐中国人很多；在自助餐的规模上也有很大差别，多则几百人，少则几十人，所以，在设计菜单时，要视宾客及用餐标准等情况来确定自助餐的风味、菜品结构及数量。

2.要注重装盘的艺术性

在设计菜单时，对每一道菜点及水果等都要讲究造型及装饰。盛器不要太单调，可选用各种陶瓷器具、玻璃制品、竹器、漆器、各种自助餐保温设备等来盛装，在造型上可摆成各种几何形、图案形、卡通形等，在色彩上要鲜艳夺目，在摆放上要错落有致,加上各种食品雕刻、花卉及艺术的点缀和灯光的烘托,使自助餐的餐台富有很高的艺术性和观赏性。

3.做好菜肴的成本核算

要根据就餐者的费用标准,认真做好每个菜肴的成本核算工作。因为自助餐菜肴品种多、原料复杂,如果忽视了成本核算,很可能造成企业亏损或损害顾客的利益,所以,在设计自助餐菜单时,要做到大料大用、小料小用、下脚料综合利用,同时,对自助餐多余的菜肴要妥善保管,合理使用,以降低成本,有利于企业的经营与发展。

(三)自助餐菜单设计实例

表6-4   某酒店中式自助餐菜单

冷菜类

盐水鸭   油爆虾   五香牛肉   卤水鹅掌   蝴蝶鱼片   凉拌海蜇   白斩鸡   辣白菜   蒜泥黄瓜
卤冬菇   红油莴苣   咖喱冬笋

热菜类

椒盐基围虾   咕咾肉   蘑菇烩鸡条   红烧牛筋   烤乳猪   京都羊排   脆皮鱼条   开阳萝卜条
蚝油生菜   大煮干丝   面拖花蟹   草菇鸭舌

汤类

木耳鱼圆汤   山药无骨鸡汤   排骨冬瓜汤

面食类

素菜包子   水饺   炸春卷   枣泥拉糕   三鲜炒面   烧卖   扬州炒饭   山芋煮饭

甜羹类

桂花元宵   橘子西米   冰糖银耳

水果类

橘子   香蕉   西瓜   猕猴桃   葡萄

饮料类

橙汁   牛奶   可口可乐   绿茶

表 6-5　某酒店西式自助餐菜单

标准：200 人，每位 120.00 元，含酒水 15.00 元

汤类

法式洋葱汤　乡村浓汤　海鲜浓汤

冷盘类

烤牛肉片　巴玛火腿密瓜卷　烟熏鳟鱼　鲜虾多士　西芹丝　番茄　黄瓜　生菜　胡萝卜丝

沙拉类

龙虾沙拉　什肉沙拉　土豆沙拉　华杜夫鸡沙拉　什菌沙拉

热盆类

法式焗生蚝　德式煎猪排　意大利烩海鲜　香草烤羊排　香茅鸡　炸鱿鱼　红酒煨牛腩　烤鳍鳕鱼　咖喱蟹　香橙鸭　土豆球　什锦花菜　沙丁鱼　沙哆串　煎三文鱼

客前烹制类

烤乳猪　扒鲜大虾　三鲜意大利面

甜品与西饼(包括面包)类

焦糖格士　水果挞　杧果芝士蛋糕　美国芝士饼　面包布丁　泡芙　巧克力沙勿来　黑森林蛋糕　水果冻　各种面包

水果类

香蕉　菠萝　荔枝　西瓜　杧果　猕猴桃　葡萄

饮料类

啤酒　咖啡　橙汁　柠檬茶　牛奶

表 6-6　某酒店中西混合自助餐菜单

标准：400 人，每位 150.00 元，含酒水 15.00 元

冷菜类

酱鸭　白斩鸡　五香牛肉　肴肉　油爆虾　蝴蝶鱼片　葱油海蜇　茶叶蛋　羊糕　冻烧西冷牛排　巴玛火腿密瓜卷　泡藕　蒜泥黄瓜　辣白菜　酸辣莴苣　油焖冬笋　脆鳝　卤冬菇　麻辣毛豆

小吃类

酸黄瓜　山楂片　桂皮花生　梅子　炸臭干　蒸芋仔

续表

沙拉类

龙虾沙拉　田园沙拉　杂肉沙拉　意面沙拉　什菌沙拉　苹果鸡沙拉

热菜类

香炸虾球　烤鸭　铁扒牛肉　京都排骨　咕咾肉　脆皮鱼条　咖喱鸡块　烤羊肉串　干烧鳕鱼
炸鹌鹑　草菇菜心　椒盐土豆条　开洋花菜　麻辣兔肉　大煮干丝　干贝西兰花　蒜蓉沙丁鱼
豉油乳鸽

客前烹调类

烤乳猪　扒鲜大虾　片皮烤鸭

面食类

荠菜肉包　糯米烧卖　方糕　窝窝头　藕粉圆子　泡芙　巧克力莫士饼　水果挞　苹果排　水饺

汤类

冬瓜排骨汤　酸辣汤　枸杞牛腱汤　法式洋葱汤

甜羹类

冰糖银耳　桂花糖芋艿　桂圆金橘羹　橘子西米羹

水果类

香蕉　哈密瓜　西瓜　芦柑　葡萄　苹果

饮料类

啤酒　咖啡　酸奶　绿茶　西瓜汁　黄瓜汁

五、制作自助餐菜肴的注意事项

自助餐菜肴有品种多、数量大、要求高等方面的特点,在制作中各方面人员必须各负其责、互相协作,方能完成自助餐菜肴的制作任务。

(一)准备须充分

在菜肴制作过程中,必须做充分的准备,从原料的加工、腌渍、切配到烹调、装盘,都要有计划、按程序进行。如自助餐冷菜制作的数量很多,有些冷菜必须提前几天腌渍,所以对每一种菜肴所需的数量要估计准确,尤其在切配、烹调过程中,更要心中有数,不能有的菜肴偏多,有的菜肴偏少,造成自助餐刚开始时,菜台上品种很丰富,到后来却出现缺菜、少品种的情况。但又不能所有菜肴都准备太多,造成浪费。

（二）制作须讲质量

自助餐因量大面广,制作时间又相对集中,要使每个菜肴的色、香、味、形都达到应有的质量,必须按规范操作。冷菜可预先制作,预先装盘,但不可提前太早而影响菜肴的口味和色泽;有些炖、焖、烩的菜肴可提前烹调,放入自助餐保温盛器中保温;而对一些炒、爆、熘、炸的菜肴,不可烹制太早,只能在开餐前集中烹调,及时放到菜台上,尤其对一些绿叶蔬菜,只能勤炒快上,保证菜肴在色泽、口味、质地等几方面均不受影响。

（三）操作须讲究卫生

1.原料必须洗涤干净

每种菜肴原料在加工、洗涤时绝不能马虎,一定要把原料中的泥沙、虫卵清洗干净,凡是不能食用的原料必须除尽。

2.冷菜制作必须严格把关

在操作时一定要做到生熟分开,各种用具、餐具要严格消毒,装盘后的冷菜必须用保鲜纸封好,低温保存,防止苍蝇、灰尘侵入及变质。超过保鲜期的冷菜必须重新加热处理,对已变质的冷菜应及时处理掉。

3.初步熟处理的原料必须及时加热成熟

初步熟处理的原料因为内部还没有完全成熟,如果堆放时间太长,最容易造成细菌繁殖,原料变质,一旦给客人食用,很可能造成集体食物中毒,特别春、夏、秋季节更要注意。所以,对一些初步熟处理的原料应及时加热成熟。

4.剩余的菜肴必须妥善保管

制作的自助餐菜肴,往往有剩余,有些菜肴可以再次食用,在保管时要等这些菜肴冷却后分类放入冷藏库保存,千万不能在菜肴温度还很高时就放入冰箱或冷藏库中,这样容易造成菜肴变质。同时,还要注意对剩菜肴加盖或用保鲜纸封存,防止冰箱水及其他物质侵入。

第三节 鸡尾酒会菜品与菜单设计

鸡尾酒会是欧美社会一种传统的宴请活动形式,以供应鸡尾酒(用1~2种烈酒加入其他果汁及调和料而成)为主,配备一定数量的小吃、点心及冷菜等。这种酒会比较轻松活泼,随便自由,便于人们广泛地接触交谈。

一、鸡尾酒会的特点

（一）站立进餐,气氛活跃

鸡尾酒会一般不设主宾席,不设座椅,只在餐厅的周边设少量的桌椅,为年老者或自愿落座者使用。大多数客人都站立进餐,随便走动,与会者不分高低贵贱,可以广泛交际,自由选择自己喜食的酒水和食品,气氛热烈而不拘束。

(二)形式灵活,不拘礼节

鸡尾酒会举办时间比较灵活,一般均在正餐前后举办,上午9:00—11:00,下午3:00—5:00或下午4:00—6:00比较合适,有的在正式宴会开始之前举行鸡尾酒会,一方面等客人到齐,另一方面有利于先来者之间相互交流,加深友谊。同时,鸡尾酒会在形式上较为自由,参加酒会的宾客可以迟到或早退,不受时间及礼节上的约束。

(三)适应面广,简便可行

鸡尾酒会适应面较广,欢聚、纪念、庆祝、告别、开业庆典、商务、交易等场合均可举办。在举办过程中,要比自助餐酒会及其他宴会简单,便于操作。

二、鸡尾酒会菜品的设计要求

鸡尾酒会菜单的内容要根据鸡尾酒会的主题、档次及特点而确定。

(一)必须根据酒会的主题来设计

举办鸡尾酒会的主题多种多样,有为庆祝、纪念重大的事件而举办的,有为欢聚、欢送、欢迎而举办的,还有用于商务活动、贸易交流等的鸡尾酒会。由于主题不同,人数有多有少,在设计菜品时,在菜点设置、展台布置上都要紧紧围绕主题。如在展台上用一些冰雕来做装饰品,最好根据主办单位的要求雕刻与主题活动相关的雕品,这样不但可达到画龙点睛的目的,而且还起到装饰作用;在菜点安排上也要根据主题,拼摆成各种图案,烘托气氛。

(二)必须根据酒会档次来设计

鸡尾酒会的菜品必须根据主办单位的用餐标准、主题、规模、人数等因素来设计。在设计菜单时,一定要区别对待,如规模很大、标准较高,应在菜台布置上精心设计,菜点安排上不但要有小吃、点心、冷菜,还要有一些简易的热菜及客前烹制等;如规模较小,用餐标准不高,在菜台布置上就不必太豪华,菜点安排上提供一些点心小吃等菜品即可。

(三)必须根据酒会特点来设计

鸡尾酒会一般不设座位,而且以喝鸡尾酒为主,客人往往一只手端着酒杯,另一只手可以取其他食品食用。所以,在设计鸡尾酒菜品时,一是要选用用无骨、无壳、无筋的原料做成的菜肴;二是菜肴不宜太油腻;三是每一种菜点形态要小,大块原料必须切成小块,而且不能有连刀现象,要求每种食品最好用牙签或其他小匙等取食,主要目的是便于客人食用和相互交流。

三、鸡尾酒会菜品和菜单的设计方法

1. 鸡尾酒会菜单的设计内容

鸡尾酒会菜单菜点的内容一般有冷菜、干果、点心及简易的热菜等。

(1)冷菜类:有小香肠、叉烧、鹌鹑蛋、酸黄瓜、樱桃番茄等。

(2)干果类:有花生米、葡萄干、甜咸青果、腰果等。

(3)点心类:奶油蛋糕、巧克力饼干、面包托、三明治等。

(4)简易热菜类:炸虾球、脆皮鱼条、炸花菜、椒盐里脊等。

2.鸡尾酒会菜品设计的注意事项

(1)数量不宜太多。鸡尾酒会的菜点在品种及数量上不宜太多,因为大多数鸡尾酒会均是在正餐前举办,主要为了增加气氛,达到相互交流、加深友谊的目的,而不是要让客人吃饱,它是正餐前的一种宴请形式。所以,在设计每一种菜品时,一定要控制数量,保证每人品尝每个品种 1~3 块即可,多了浪费,少了不够。

(2)口味不宜太浓。鸡尾酒会的菜点要小而清爽、不油腻,每种菜品不宜太酸、太甜、太辣、太刺激,而且要求所有的菜点不要勾芡、不要焦煳、不要有汤水等。

(3)装盘不宜太满。鸡尾酒会菜点在制作装盘时,一要讲究卫生,尤其是在一些高档鸡尾酒会上,一般派专人在餐厅肉车上为宾客切割烤熟的牛肉、香肠、烤鸭等,工作人员的各种刀具、设备、工作服、工作帽绝对要干净,操作时必须戴上手套,不能用手直接接触原料;二是对每一种食品装盘,既要讲究艺术性又不要装得太满。如果参加鸡尾酒会的人数太多,可分若干小组,每一小组的菜品应一样,也可将客人喜食的菜品,由服务人员端着来回穿梭于客人之间,使宾客们依个人喜好自行取用。这样既保证供应,又避免客人去菜台取菜因人多而拥挤的现象发生。

3. 鸡尾酒会菜单实例

鸡尾酒会一般可分为经济型鸡尾酒会与高档鸡尾酒会两大类。

表 6-7　某酒店经济型鸡尾酒会菜单
标准:35.00 元/位,另收酒水每位 15.00 元,200 人

冷菜类
五香鹌鹑蛋　香肠　鸡卷　叉烧鸭肉　酸辣黄瓜　樱桃番茄
干果类
花生米　葡萄干　糖核桃　酸梅
点心
奶油小蛋糕　水果挞　泡芙　枣泥拉糕　面包托
鸡尾酒
配置 4 色

表 6-8　某酒店高档鸡尾酒会菜单

标准:80.00 元/位,另收酒水每位 20.00 元,500 人

冷菜类

鸡卷　盐水鸭肉　叉烧肉　酒醉鸽蛋　橙汁虾球　熏鱼　五香牛肉　葱油黄瓜　咖喱冬笋　樱桃番茄

干果类

炸腰果　甜咸青果　葡萄干　糖核桃仁　挂霜松子仁　金橘饼

小吃类

炸龙虾片　炸土豆条　牛肉干　鱼脯干

点心类

巧克力蛋糕　泡芙　水果挞　薄荷莫士饼　虾饺　小烧卖　小馒头　炸春卷　三明治　面包托

简易热菜类

香炸虾球　脆皮银鱼　椒盐里脊　牙签羊肉串　炸花菜　炸藕夹

表演菜

烤牛腿　片皮烤鸭　片皮乳猪

鸡尾酒

配置 4~6 色

四、制作鸡尾酒会菜肴的注意事项

鸡尾酒会菜肴的制作要求与自助餐菜肴的制作要求基本相似,此处不再赘述。

第四节　客房送餐菜品与菜单的设计

客房送餐菜品主要是为那些因某种原因不能或不愿去餐厅就餐,或在开餐时间以外要求用餐的客人所设计的。

一、客房送餐菜品的特点

客房送餐菜品与常用的菜单设计有很大的区别。

（一）菜品制作简单

客房送餐菜品在设计上应选用一些制作工艺简便、加热时间较短的菜品。因为一旦客人需要在房内用餐，必须根据客人的就餐要求，用送餐车及保温设备，由服务员准时送至客人的房内。否则，很难满足客人的客房就餐要求。

（二）菜品品种较少

客房送餐菜品的品种不宜太多，要做到少而精，品种搭配要合适。因为客房送餐供应时间长，如果品种太多，会涉及较多的人工和设备，有些原料及菜品很难保证供应，反而引起客人的不满，也影响饭店的声誉。

（三）菜品质量较高

客房送餐菜品应选用原料新鲜、品质较高、富有地方特色的品种。菜品不但要口感好，而且要营养丰富、色泽鲜艳，达到色、香、味、形俱佳的效果。

（四）菜品价格较贵

客房送餐菜品售价要比其他就餐形式的菜品价格贵一些，因为饭店为了满足这些房内用餐客人的特殊需求，必须增加必要的送餐设备和人员。要求房内用餐的客人，为求方便一般对价格不是太敏感，只要定价合理、服务优质，客人均能接受。

二、客房送餐菜品的设计要求

客房送餐菜品的设计要根据饭店的档次及用餐对象做到套餐与零点菜品并立、早餐与正餐并重、中餐与西餐并存。

（一）套餐与零点菜品并立

客房送餐菜品的设计应考虑客人的多种多样，因为住店客人有外国人，也有中国人，有健康人，也有亚健康人，他们的要求不一样，如外国人喜喝牛奶，吃面包；中国人喜喝绿茶，吃包子等；糖尿病客人不敢吃甜食，甲亢患者不敢吃含碘太多的食品等。所以，客房送餐菜品既要设计套餐式，又要设计一些零点菜品，以满足不同客人的饮食需求。

（二）早餐与正餐并重

一般客房送餐菜品设计都以早餐为主，而忽视了正餐的内容，这就难以满足那些不愿去餐厅就餐，或在开餐时间以外要求在房内用正餐的客人的需求。所以，在设计客房送餐菜单时，要全面考虑客人的需求，菜单中有早餐菜单，也有正餐菜单（午、晚餐菜单）。这样不但方便了客人，而且有利于餐厅增加收入。

（三）中餐与西餐并存

客房送餐菜单在设计时，要考虑中外客人的饮食需求，既要有西餐的品种，又要有中餐的品种，方便客人根据菜单内容，自由地选择自己喜食的菜品。

三、客房送餐菜单的设计方法

（一）客房送餐菜单的设计内容
客房送餐菜单按销售形式一般可分为套餐菜单与零点菜单。

1. 客房套餐菜单内容

客房套餐菜单又可分欧陆式、美式、地方式三种。

（1）欧陆式一般以果汁、麦片、面包类菜肴、饮品等为主。

（2）美式一般以果汁、麦片、蛋类菜肴、饮品等为主。

（3）地方式一般以有地方特色的菜点、饮品等为主。

2. 客房零点菜单内容

客房零点菜单又可分为果汁与鲜果、谷麦类、面包类、蛋类、地方风味、饮品等。

（1）果汁与鲜果，有西柚汁、胡萝卜汁、新鲜水果等。

（2）谷麦类，有麦片、玉米片等。

（3）面包类，有牛角包、丹麦包等。

（4）蛋类，有煎鸡蛋、煮蛋等。

（5）地方风味，具有地方特色的菜点、饮品等。

（6）饮品，有茶、咖啡等。

（二）客房送餐菜单设计中的注意事项

1. 要规定客房送餐的时间

客房送餐一般分为早餐与全日送餐两种。在设计菜单时，必须写明各餐别的送餐时间。如早餐一般规定在 6:00—10:00 为宜，全日餐应视酒店星级标准的高低来决定送餐的时间，一般五星级饭店要求 24 小时保证房内用餐的供给，星级略低的饭店供给房内用餐的时间可略作变动。

2. 要明确订餐方法

客房送餐菜单在设计中要写明订餐的方法，如需要什么菜品，可以直接在菜单上打"√"，可写明所需用餐时间等；也可用电话订餐，但在菜单中必须注明联系电话及联系部门或联系人，便于客人随时订餐。

3. 要确定菜品的分量

客房送餐菜单中每一个菜品都应注明售价及是否另加服务费，对每个菜品的分量也应作明确的规定（有些菜单上不注明，但厨房内必须要掌握），在菜肴制作中按标准化、规范化操作，保证菜肴质量。

（三）客房送餐菜单设计实例

一般按餐别可分为早餐菜单与全日菜单两种。

1. 某五星级酒店客房送餐早餐菜单

表 6-9　早餐零点菜单

（如果您需要早餐零点，请在下列品种中选择，并在□中打"√"）　　　　　　　　　　　　　单位：元

果汁与鲜果		面 包 类	
果汁	32.00	□早餐面包篮	30.00
□橙汁		□牛角包	20.00
□番茄汁		□丹麦包	20.00
□西柚汁		□法式吐司配黄油、果酱	26.00
□菠萝汁		□吐司配黄油、果酱	20.00
鲜榨果汁	36.00	蛋 类	40.00
□橙汁		□自选鲜蛋 2 只	
□西瓜汁		□煎蛋	
□胡萝卜汁		□单面或双面	
□黄瓜汁		□炒蛋	
鲜果拼盘		□水波蛋	
□小盘	36.00	□煮蛋	
□大盘	70.00	加 配	
		□火腿	8.00
谷麦类		□培根	8.00
□热麦片	30.00	□香肠	8.00
□糖霜玉米片	30.00		
□全麦片	30.00		
□玉米片	30.00		
（所有麦片均配鲜奶）			
地方风味		饮 品	
□豆奶	18.00	□咖啡	38.00
□白米粥	18.00	□英国红茶	38.00
□什锦酱菜	8.00	□中国名茶	38.00
□豆腐乳	8.00	□鲜牛奶	30.00
□油条	14.00	□热巧克力	38.00
□素菜包子	14.00	□意大利特浓咖啡	38.00
□五香蛋	12.00	□拿铁咖啡	48.00

表 6-10 早餐套餐

（如果您需要哪种套餐，请在下列品种中选择，并在□中打"√"） 单位：元

□欧陆式早餐	88.00
请从早餐零点中选择一款水果（或果汁）、麦片、面包和饮品	
□美式早餐	118.00
请从早餐零点中选择一款水果（或果汁）、麦片、面包、蛋类和饮品	
□地方风味早餐	68.00
□白米粥或豆浆、油条和蔬菜包	
□绿茶或茉莉花茶	

（注：上述各菜名均标有英文，各菜品另加15%服务费。）

2. 某五星级酒店客房全日送餐菜单

表 6-11 全日零点菜单

（如果您需要哪种零点菜肴，请在下列品种中选择，并在□中打"√"） 单位：元

冷菜类		面食类	
□盐水鸭	30.00	□什锦炒饭	28.00
□五香牛肉	28.00	□三鲜炒面	28.00
□韩国泡菜	18.00	□肉丝面条	28.00
□卤冬菇	26.00	□素浇面	18.00
□皮蛋	20.00	□炸春卷	10.00
□蒜泥黄瓜	20.00	□豆沙包子	8.00
□什肉沙拉	28.00	□虾肉馄饨	25.00
热菜类		汤 类	
□蘑菇炒蛋	30.00	□榨菜肉丝汤	20.00
□川椒虾球	78.00	□番茄蛋汤	20.00
□虾仁炒蛋	38.00	□素菜豆腐汤	20.00
□脆皮鱼条	68.00	□莼菜鱼圆汤	36.00
□干炸里脊	48.00	□酸菜鱼片汤	50.00
□黑椒牛柳	48.00	水果类	
□宫保鸡丁	38.00	□水果三拼	36.00
□炸土豆条	28.00	□水果五拼	70.00
□麻辣豆腐	28.00		
□青椒豆腐	20.00		
□清炒时蔬	20.00		

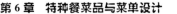

表 6-12　全日套餐菜单

（如果您需要哪种全日套餐,请在下列品种中选择,并在□中打"√"）　　　　　　　　　单位:元

□中式套餐（A） 138.00	□中式套餐（B） 168.00
盐水鸭	五香牛肉
虾仁炒蛋	宫保鸡丁
清炒时蔬	清炒时蔬
豆沙包子	虾肉馄饨
榨菜肉丝汤	莼菜鱼圆汤
水果三拼	水果三拼
□中式套餐（C） 118.00	
盐水鸭	
韩国泡菜	
皮　蛋	
蒜泥黄瓜	
肉丝面条	

（注:上述各种菜名均标有英文,此处省略。各菜品另加 15%服务费。）

四、制作客房送餐菜肴的注意事项

客房送餐菜肴的制作与零点菜肴的制作要求基本相似,但必须注意如下几点:

（1）菜肴盛装时,不宜太满。尤其有汤汁的菜肴,更要注意盛器的选用及数量的控制,否则因汤汁外溢而影响菜肴卫生与客房地毯卫生。

（2）菜肴送餐时要注意保温。因为很多酒店客房离厨房的距离很远,如不使用保温设备,很容易使菜变冷或变味而影响菜肴质量。

总之,特种餐菜单的设计种类很多,如早茶菜单、航空菜单、儿童菜单、糖尿病患者菜单等,只要在工作实践中不断地探讨和总结,就会使各种特种餐菜单的设计更加科学合理。

本章小结

本章较全面地介绍了特种餐中的火锅菜单、自助餐菜单、鸡尾酒会菜单及客房送餐菜单与菜品的设计特点、要求和方法,并分述了这些菜单与菜品在设计中应注意的事项,且均附有实例,同时还强调了这些菜单在菜肴制作中必须掌握的关键。

【思考与练习】

一、职业能力应知题

1. 常见火锅可分哪几大类？举例说明。

2. 火锅菜单与菜品的设计与其他菜相比有何特点？其设计要求有哪些？

3. 自助餐菜单与菜品设计的特点有哪些？

4. 在设计自助餐菜单时应注意哪些事项？

5. 鸡尾酒会有何特点？设计鸡尾酒会菜单与菜品时有哪些要求？

6. 客房送餐菜单与菜品设计的特点有哪些？其要求怎样？

二、职业能力应用题

1. 试设计一份自助火锅菜单，要求如下：

　　(1) 售价每位 50.00 元，另收座汤 10.00 元，销售毛利率 48%。

　　(2) 品种做到荤素搭配，比例各占 50%，品种数量不少于 30 种，底汤不少于
　　　　3 种。

2. 怎样制作自助餐菜肴？举例说明。

3. 根据你所学的知识，设计一份 100 人的经济型鸡尾酒会菜单，售价每位
　　38.00 元，销售毛利率 55%。

4. 制作客房送餐菜肴时，应注意哪几点？为什么？

第 7 章
宴席菜品与菜单设计

学习目标

● 掌握中式宴席菜品与菜单的设计与制作
● 熟悉中西结合宴席菜单与菜品的特点
● 了解大型宴席菜单与菜品的设计方法
● 掌握特殊宴席菜肴的制作要领

宴席是指人们为了某种社交目的,以一定规格的菜点、酒水等来款待客人的一种聚餐形式。宴席菜单设计与制作是构成宴席的重要组成部分,其水平高低是制作宴席成败的关键,所以,要求设计者不但要具备烹饪工艺学、烹饪原料学、烹饪美学、食品营养卫生学、饮食心理学、市场营销、餐饮成本控制等方面的知识,而且还应具备较强的创新能力和组织能力。

第一节　中式宴席菜品与菜单设计

我国宴席菜设计与制作历史源远流长,博大精深,历代名厨大师设计和制作的各种名宴佳肴,为世人留下了很多风格各异、脍炙人口的宴席菜品。

一、中式宴席菜的特点

(一)注重烹饪原料的选择

宴席菜点的原料选择以及烹调类别、味型、色泽的确定,必须结合季节特点设计和制作。可以优先选择时令烹饪原料,既体现中式菜点特色,又提高宴席档次。在色调上,在寒冷的冬季菜点色调应以暖色调为主,而在炎热的夏季菜点色调应以冷色调为主;在味型上,冬季宴席菜点口味应偏重些,夏季宴席菜点应以清淡为主。

(二)精于宴席菜点的组配

宴席菜点的组配要准确把握客人的特点、参加宴席的人数,从就餐者实际的需求出发,组合成一套完整的宴席菜单。宴席菜点的数量是指组配宴席菜点总数量与每道菜点的分量,确定宴席菜点的数量是菜品设计的重要环节。在宴席成本确定的情况下,菜点的组合应以就餐人数为依据,菜点的数量应直接与宴席档次和客人需求联系起来加以考虑,在数量上,应以每人平均500克左右的菜点为基数。宴席菜点结构必须合理,要注重营养搭配,保持菜点的酸碱平衡。

(三)突出了宴席的主题风格

宴席菜点的设计要分清主次,突出重点,宴席主题要与菜点制作相联系,如寿庆宴席、生日宴席、新婚宴席、庆典宴席等。在突出宴席的主题风格时,要发挥所长,反映地方特色,展示本地本店烹饪技术专长,充分选择名特原料,利用独创烹饪技法,亮出酒店名菜名点,使宴席主题达到新颖别致的效果。

(四)宴席菜点结构多变

宴席菜品就像一曲美妙的乐章,由序曲到尾声应富有节奏和旋律。在菜品设计中,既要注意风格的统一,又应避免菜式的单调和制作工艺的雷同,努力体现变化的美。一桌宴席菜点,从冷菜到热菜,通常由多道菜品组成,应充分显示菜品不同的个性,使菜点在色、香、味、形、质等几方面富有变化,并在上菜的顺序上有节奏感。

(五)体现宴席菜点的层次感

宴席菜点设计既要体现餐饮潮流,又要有层次感。高档宴席组配要求以精、巧、雅、优为原则,菜品制作要突出主题,菜点的件数不宜过多,质量要精;中档的宴席组配以美味、营养、适口、实惠为原则,菜点的件数、质量比较适中;低档宴席组配以实惠、经济、可口、量足为原则,菜点件数不能过少。

二、中式宴席菜品的设计要求

随着人们生活水平的不断提高,对现代宴会菜品的设计提出了更高的要求,具体应掌握如下几点:

(一)菜式风格的统一性

宴席菜点不是简单的拼凑,而是通过一系列菜品烹饪制作与烹饪技艺进行的科学合理的组合,形成统一的宴席风格。在设计宴席菜单时,要求宴席主题明确,突出重点,即宴席菜单的前奏和尾声服从主题的需要。突出重点,就是宴席菜点中要突出大菜,大菜中又要突出头菜,其烹饪原料、制作工艺与菜品要求都要高出一筹,以带动整桌宴席。菜点力求新颖,充分展示当地饮食习俗和风土人情,使客人一朝品尝,回味无穷。

(二)菜品组配工艺的丰富性

科学组配也是宴会菜品设计中一个重要环节,应结合季节特点设计宴席菜点的味型,如冬季以浓香味型为主,夏季以清淡味型为主,秋季以辛辣味型为主,春季以酸味型为主;而菜点温度更要结合季节变化,如冬季菜点温度要高些,夏季温度要适中。

(三)烹饪技术的多变性

宴席菜点的变化,在很大程度上取决于变化多端的烹调技法。我国各地具地方特色的烹饪技法是形成丰富多彩的菜肴的重要因素。一桌宴席菜点在设计和制作时,要利用不同烹调技法提升档次,这也是衡量烹饪技术水平高低的重要标志之一。若宴席菜点制作技法单调,烹饪原料档次再高,给就餐者留下的印象也不会深刻。而多种烹饪方法的组合,会使宴席菜点变得丰富多彩。通过烹饪原料、加工、烹调、味型、菜式的互相调配,可使整桌宴席菜点在色、香、味、形、质、器等方面达到理想的效果。

(四)实施过程的周密性

宴席菜点牵涉面广,烹制难度大,加工工序和工艺流程较复杂,技术水平要求高,所以,工作人员应全力以赴。周密的准备是保证宴席顺利完成的重要环节。首先要编制宴席菜单,制订工作方案,烹饪材料的采购与初步加工、烹调制作与主厨选定、配备餐具等要逐一落实。在开餐前再次对上述各方面进行全面检查,遇到特殊情况及时解决。酒店厨师长是宴席菜单设计和制作的指挥者和组织者,应熟练宴席业务,亲临现场指挥,合理调配厨师技术力量,参与整个宴席制作的全过程。

三、中式宴席菜单的设计方法

宴席菜单的设计原则和宴席制作的具体要求需用文字形式下达,以便厨房工作人员实施。宴席菜单的编制通常有两种形式:一种是简单式,只列菜名,适合有丰富经验的熟练厨师使用,这是社会上较为流行的形式;另一种是表格式,除了菜名,还须将烹饪原料、烹制方法、味型、特点、品质要求等,分门别类地列出,适合于烹饪初学者,一般新开业的大型酒店采用此方法。

(一)中式宴席菜单的设计步骤

1.宴席菜点的合理分配

宴席菜单在编制时,一是要选择合适的菜点,二是要将它们按宴席的要求和饮食习俗依一定顺序排列起来,使其与宴席风格相符合。如宴席菜单的类别、每类菜品的数量、各种菜点的规格等,所有这些都与宴席的档次密切相关。

在设计宴席菜单时要遵循"按质论价"的原则,防止菜品组配不合理。一般采用中式宴席的格局,合理组配宴席菜品,分为冷菜、热菜、点心、水果等,还要做好宴席菜品成本的分配,以确定菜点的选用范围。

2.宴席必用菜点的确定

必用菜点的选择,应以宴席菜单编制原则为前提,还要分清主次详略。通常采用如下步骤：

（1）要考虑就餐者对宴席的具体要求；

（2）要考虑客人的饮食习俗，在选用菜点上尽量显示当地风味；

（3）要发挥酒店烹饪特色，推出厨师特选，突出酒店名菜点；

（4）要充分考虑能显示宴席主题的菜点，展示宴席的特色；

（5）要考虑时令特色菜点，选择富有特色的地方原料；

（6）要考虑烹饪原料的供应情况，适当安排一些价廉物美的菜点，便于合理调配宴席成本。

3.宴席主要菜点的确定

宴席的主要菜点是整桌宴席的主角，各地区餐饮界一般以头菜来作为整桌宴席的核心。因此，首先要选择好宴席头菜，在用料、口味、技法、装盘、点缀等方面的标准要讲究。头菜确定以后，其他菜点选择都要围绕头菜来组配，在质量和规格上要与头菜相适应，力求起到衬托头菜、突出宴席主题的作用。

4.宴席菜单的附加说明

作为宴席菜单的补充和完善，宴席菜单的附加说明可以增加菜单的实用性，充分发挥指导作用。宴席菜单的附加说明通常包括以下内容：

（1）宴席的风味特色、适用季节和就餐者要求；

（2）说明宴席规格、宴席主题和办宴席的目的；

（3）列齐所用宴席烹饪原料和餐具；

（4）写清宴席菜单出处和掌握的有关菜品制作具体信息；

（5）介绍重点菜点的制作要求和整桌宴席的具体要求。

（二）中式宴席菜单的组成内容

中式宴席菜单一般由冷菜、热菜、甜菜、素菜、汤菜、点心组成。

1.冷菜

通常造型美观、形态各异，作为"前奏曲"来吸引客人。在组配时，要求荤素兼备，质精味美，诱人食欲。冷菜道数一般以就餐人数而定，其荤素用料为二比一，或者荤素各半。如盐水鸭、陈皮牛肉、香糟鱼、酸辣白菜等，有时配上主盘，如潮式卤水拼、艺术冷盘等。

2.热菜

热菜中，头菜烹饪原料以山珍海味、家畜家禽为主，要求刀工细腻，现烹现吃，烹制过程复杂。上菜时，高档菜品先上，低档菜品后上，突出山珍海味菜品，以显示宴席规格。如木瓜燕窝、鲍汁扣鹅掌、鸡汁鱼翅、兰花鲍脯可以作为主菜。大菜由2～4道菜品组成，在制作上讲究风格，烹饪技法上相互烘托整桌宴席的主要菜品，如松鼠鳜鱼、蟹粉狮子头、潮式冻蟹、脆皮乳鸽等。

3.甜菜

甜菜泛指一切甜味食品,其品种丰富、风味独特,根据季节和宴席要求而定,并结合宴席档次综合考虑,如拔丝苹果、冰糖湘莲、蜜汁山芋、桂花芋艿等。

4.素菜

素菜在宴会中一要选时令菜,二要有地方特色,三要精心烹制,四要适当艺术造型,如大煮干丝、蟹粉豆腐、上汤菜胆、砂锅菜核等。

5.汤菜

宴席中的汤菜种类繁多,制作时调配严格,如茯苓龟汤、枸杞炖草鸡、天目湖鱼头、清汤鱼圆等,通常宴席上配 2 道汤菜。

6.点心

宴席点心在制作上讲究造型,注重款式,制作精细,如素菜小包、富贵虾饺、香煎地瓜饼、叉烧酥等,一般宴席上甜咸味的品种配 2~4 道。

（三）中式宴席菜单设计的注意事项

(1)宴席菜单的设计根据档次和就餐人数确定菜品数量和质量;

(2)菜肴品种在营养、口味、烹调、色泽上要满足消费者需要;

(3)菜单中菜品要显示宴席主题,展示地方特色;

(4)宴席菜单在设计时要做好菜品的成本控制;

(5)选择主要菜品还要考虑酒店厨师的技术状况、设备以及原料供应等因素。

（四）中式宴席菜单实例

表 7-1　某酒店中式婚宴菜单

（每桌 10 人,每位 140.00 元,酒水除外）

龙凤呈祥	八味美碟	雀巢凤尾虾	生炒甲鱼
桂花鱼肚羹	栗香扣酱排	鱼米狮子头	脆皮鲈鱼
蒜香粉丝大扇贝	红椒金腿山珍	鲜蘑扒菜胆	扁尖炖草鸡
荠菜春卷	小笼汤包	萝卜丝酥饼	枣参贵子
水果拼盘			

表 7-2　某酒店寿宴菜单

（每桌 10 人,每位 120.00 元,酒水除外）

寿比南山	八味佳碟	生腌北极贝	蛋黄焗肉蟹
高汤炖甲鱼	脆皮蒜香骨	八宝葫芦鸭	杭味虾爆鳝
青瓜煮鱼肚	清蒸活鲈鱼	金玉满堂	双菇时蔬
美点双辉	酒酿元宵	水果拼盘	

表7-3 某酒店商务宴菜单

（每桌 10 人，每位 260.00 元，酒水除外）

美味八彩碟	菜胆浓汤鲍	蟹粉烧花胶	香炒野鸭松
一品牛腩煲	生炊海石斑	西芹炒百合	扁尖炖乌鸡
鸡丝春卷	锦绣八宝饭	莲枣炖雪耳	时令鲜果盘

四、中式宴席菜肴制作的注意事项

（一）组织货源

根据宴席菜单的菜品要求确定各种原料的规格、质量及数量，向采购部提出购货清单。采购部选择合适的采购渠道进行采购活动工作。在订货时，一定要明确采购原料的质量、规格、数量和到货时间，这是宴席菜肴制作的重要环节。

（二）合理加工烹饪原料

原料的合理加工是保证菜品质量的前提。首先要根据宴席菜单的要求严格按操作程序执行，同时还要控制原料加工的数量。高档宴席菜单一般选用山珍海味等高档原料，有些干货原料必须预先进行涨发、加工、烹调等，要认真操作，确保菜品质量。

（三）科学组配宴席菜品

要严格按照制定的菜品标准进行加工，要根据宴席菜单标准合理配菜，又要考虑菜肴的色、香、味、形及膳食的营养平衡。

（四）精心烹制宴席菜肴

宴席菜品的制作过程直接关系菜品的质量，要以标准菜谱为指南，做好菜品预热处理和特殊调味品的制作，耐火菜品要事先烹调，控制好上菜的速度，使菜品色、香、味、形、器俱佳。

（五）有效控制宴席成本

烹制宴席菜品时，还要做到合理利用原料，做到物尽其用，减少对原料的浪费，为酒店创造最佳的经济效益。

第二节 西式宴席菜品与菜单设计（选学）

一、西式宴席菜的特点

（一）用料精选

宴会菜品选料精细，在质量与规格上要求严格，特别是对于动物原料，应根据

其不同部位的肉质特点采用最合适的加工烹调方法。家禽通常只用腿与胸部;水产鱼类通常要斩头去尾,去皮去骨;家畜肉类十分讲究部位的选择,尤其是牛扒,主要选用腰背部加工制成,包括西冷牛扒、排骨牛扒、总会牛扒、T骨牛扒、石本口牛扒、牛柳扒等,羊排、猪排则选用肋背部加工制成。

(二)体现主题

宴会菜品的设计安排,应该反映主题特征,体现主题内容,可以从原料选择、烹调技法运用、风味变化、餐具搭配、造型装饰、菜名确定等诸元素方面与主题相呼应,比如,复活节宴席选择羔羊是原料的呼应;情人节宴席安排心形草莓慕斯则是造型颜色的呼应。

(三)工艺考究

1.烹调方法独特

西餐的烹调方法特殊,如铁扒、烧烤、烘烤、焗、焖、烩等,因此,制品风味别具一格,其中,铁扒是最为典型的烹调方法,因而,正宗的西餐厅被称为"扒房"。

2.料形大而粗放

原料通常加工成大块,如各种牛扒、羊排、猪排、鸡排、鱼柳和鱼排等,一般重量达100~200克,甚至更重,有时就保留整块(如家畜的腿、肋背)、整只(如家禽)、整条(如牛柳、鱼)加热烹制。

3.标准化规范制作

食谱中的各种原料用量要求精确,操作过程中,使用称量工具严格按照标准分量和规格对原料进行称量、分份、配伍,并按照规范的操作程序进行加工制作,这样,既能确保成品的量和质,又有利于成本的控制。

4.注重香料与酒的运用

西餐香料品种繁多,应用极为广泛,香叶、百里香草、鼠尾草、玫瑰玛丽草、他拉根香草、番茜、玉桂、紫苏、时萝、薄荷、丁香、胡椒、芥末、番红花、辣椒粉、甜椒粉、香油,等等,都是常用的香料品种。实践中,西式宴席菜品讲究各种香料在不同菜肴中的使用,尤其是法国菜。香料的运用,是形成西餐特殊风味最为关键的因素之一。

"西餐用酒如用水",这句话虽有点夸张,但说明了西餐烹调用酒之多,尤其是法国菜,特别讲究酒的运用,讲究不同的原料使用不同的酒进行调制。很多汤、菜点,尤其是调味汁,都用大量的酒来调味,因而带有浓郁的酒香味。

(四)讲究老嫩

宴会菜尤其讲究口感质地,注重生食、嫩食,特别是部分肉类(包括牛、羊、鸭胸及部分野味),常见的成熟度有生、四成熟、五成熟、七成熟、全熟。

（五）安全卫生

HACCP 体系作为先进的食品安全管理体系,在世界范围内得到广泛的应用,西方发达国家或地区,相继制定或着手制定与 HACCP 管理相关的技术性法规或文件,作为食品企业强制性的管理措施或实施指南。应用于餐饮业,其含义是对食品加工过程的各个环节可能带来的危害因素进行分析,确定控制哪些危害因素对于保证食品的安全卫生是关键环节,然后针对关键环节建立控制措施,最终通过对全过程的控制保证食品安全。

二、西式宴席菜单的设计方法

（一）宴会菜品内容构成

西餐在菜单的安排上有其特殊性,特别讲究上菜的顺序和节奏。法国宫廷宴追求奢华,以安东尼·卡雷姆代表,引用建筑学原理,创立了奢华宴席菜单体系,一道道菜品有节奏地上菜,往往包括十几道菜点。随着现代健康饮食诉求的不断加强,西方宴会也越来越简单,主要表现在道数的精简方面,一般有 5 道菜品,更有甚者,国宴就只有 3 道菜,考究的话可能有 7 道。

1. 头盘（Appetizer）

第一道菜是头盘,也称为开胃品。开胃品的内容一般有冷头盘或热头盘之分,常见的品种有鱼子酱、鹅肝酱、烟熏三文鱼、鸡尾杯、奶油鸡酥盒、焗蜗牛等。因为目的是要开胃,所以开胃菜一般都具有特色风味,味道以咸和酸为主,而且数量较少,质量较高。

2. 汤（Soup）

第二道菜是汤。西餐的汤大致可分为清汤、浓汤、冷汤等。清汤和浓汤的品种有牛尾清汤、各式奶油汤、海鲜汤、文蛤周打汤、意大利蔬菜汤、罗宋汤、法式焗洋葱汤;冷汤的品种相对较少,有青蒜薯蓉汤、西班牙冷汤等。

3. 鱼盘或副盘（Fish）

鱼类菜肴一般作为第三道菜,也称为副菜。品种包括各种鱼类、贝类及软体动物类。鱼类菜肴的肉质鲜嫩,比较容易消化,所以放在肉类菜肴的前面。当然,在提倡节俭与健康饮食之风的当今,宴请中也常常省了这一道菜。

4. 主菜（Main Course）

畜肉、禽类菜肴多为第四道菜,也称为主菜。肉类菜肴的原料取自牛、羊、猪等各个部位,当然,最有代表性的要数各式牛扒,按取用部位不同则有西冷牛扒、菲利牛扒、"T"骨牛扒、肉眼扒;等等。

5. 甜品（Dessert）

是主菜后食用的,可以算作是第五道菜。常见的有各式慕斯、布丁等。

有时,为了表达盛情和追求丰盛,可以在主菜之间安排一道雪葩(Sherbet),也称为"果汁冰",其实,它并非一道正式菜,通常只是以小巧玻璃杯承载少量,目的是清洁口腔,从而更好地品尝接下来的主菜。另外,还可在主菜和甜品之间加一道芝士,以增加营养。

(二)宴会菜品成本比例分配

各类菜品成本比例的分配没有固定的陈式,实际运作中,可按以下比例进行安排,或根据实际道数,在此基础上进行适当调整。

表7-4　西式宴会菜品成本比例分配

菜品类别	成本分配比例(%)	备注
头盘	20	
汤	15	
主菜	50	
甜品	15	

(三)宴会菜单设计的注意事项

(1)要充分考虑不同元素体现主题,展示特色;

(2)要根据接待标准,确定档次和菜品数量;

(3)要按照接待对象的特点(身份、职业、年龄、宗教信仰等)选定菜品;

(4)要考虑原料、技法、口味、色彩、营养等诸方面的多样化和丰富性;

(5)要根据毛利标准做好菜品的成本控制,确保接待单位和顾客的双赢;

(6)要考虑厨房的技术水平和生产能力,保证菜品的高质量。

三、西式宴席菜单设计的实例

表7-5　1912年4月14日泰坦尼克号头等舱晚宴菜单

Hors D'Oeuvres

or

Oysters

什锦开胃品或牡蛎

＊＊＊＊＊＊＊＊＊＊＊＊＊＊＊

Consommé Olga

or

Cream of Barley

奥尔加清汤或奶油大麦汤

* * * * * * * * * * * * *

Poached Salmon

with Mousseline Sauce, Cucumbers

水煮三文鱼拌慕斯酱和黄瓜

* * * * * * * * * * * * *

Filet Mignon

or

Sautéed Chicken Lyonnaise

with Marrow Farci

菲力牛排或洋葱炒鸡肉伴芝士焗西葫芦

* * * * * * * * * * * * *

Lamb Mint Sauce

or

Roast Duckling Apple Sauce

or

Sirloin of Beef,

with Chateau Potatoes, Green Pea, Creamed Carrots, Boiled Rice,

Parmentier & Boiled New Potatoes

羊羔肉薄荷酱或烤仔鸭苹果酱或西冷牛排

配香豌豆、奶油胡萝卜、米饭、煮土豆

* * * * * * * * * * * * *

Punch Romaine

罗马生菜

* * * * * * * * * * * * *

Roast Squab with Cress

西洋菜烤乳鸽

* * * * * * * * * * * * *

Cold Asparagus Vinaigrette

冷芦笋油醋汁

* * * * * * * * * * * * *

Pate de Foie Gras, Celery

西芹鹅肝酱

* * * * * * * * * * * * *

Waldorf Pudding

or

续表

Peaches in Chartreuse Jelly

or

Chocolate & Vanilla Eclairs

or

French Ice Cream

华尔道夫布丁或黄绿色蜜桃果冻或巧克力香草饼或法式冰激凌

表 7-6　商务宴请菜单

（258.00 元/位）

Lobster Caesar Salad

with Olive, Anchovy, Garlic and Parmesan Cheese

龙虾凯撒沙拉配橄榄、凤尾鱼、大蒜和帕尔玛奶酪

* * * * * * * * * * * * *

Mushroom Cappuccino with Chicken Floss Cigar

香菇卡布奇诺汤配鸡丝雪茄

* * * * * * * * * * * * *

Capellini

with Seafood, white wine, Provencal Herbs, Garlic

天使细面配海鲜、白酒、普罗旺斯香草、大蒜

* * * * * * * * * * * * *

Charbroiled Australian Lamb Chop

with Asparagus and Pommes Lyonnaise, Mocha Sauce

炭烤澳洲羊排配芦笋、炸洋葱和摩卡酱

* * * * * * * * * * * * *

Classical Tiramisu

经典提拉米苏

表 7-7　复活节宴请菜单

（328.00 元/位）

Spring Garden Vegetable Salad

with Eggs, Canned Tuna, Little Gem Lettuce, Garlic and Mayonnaise

伊甸园色拉配鸡蛋、金枪鱼罐头、小生菜、大蒜和色拉酱

* * * * * * * * * * * * *

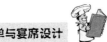

续表

Chicory Soup

with Sausage, Chicken and Garlic Bread

诺亚菊苣汤配香肠、鸡肉和蒜蓉面包

＊ ＊ ＊ ＊ ＊ ＊ ＊ ＊ ＊ ＊ ＊ ＊ ＊

Italy Lobster Tail

with Artichoke , Rice ,Sun-dried Grape & Tomato Oil

意式龙虾尾配菊芋、米饭、葡萄干和番茄籽油

＊ ＊ ＊ ＊ ＊ ＊ ＊ ＊ ＊ ＊ ＊ ＊

Mint Sherbet

薄荷冰糕

＊ ＊ ＊ ＊ ＊ ＊ ＊ ＊ ＊ ＊ ＊ ＊

Roast Lamb Saddle

with Rosemary, Broad Bean, Pea and Cheese

烤羊背脊配迷迭香、蚕豆、豌豆和奶酪

＊ ＊ ＊ ＊ ＊ ＊ ＊ ＊ ＊ ＊ ＊ ＊ Cheese with Fresh Fig

芝士拌无花果

＊ ＊ ＊ ＊ ＊ ＊ ＊ ＊ ＊ ＊ ＊ ＊

Chocolate and Raspberry Mousse

双色慕斯

表7-8　美国政府某次元首接待国宴菜单

（50.00美元/位）

Poached Maine Lobster

缅因州水煮龙虾

＊ ＊ ＊ ＊ ＊ ＊ ＊ ＊ ＊ ＊ ＊ ＊

Rib Eye Steak

with Onion, Cream Spinach, Potato

肋眼牛扒配脆洋葱、奶油菠菜、土豆

＊ ＊ ＊ ＊ ＊ ＊ ＊ ＊ ＊ ＊ ＊ ＊

Apple Pie with Vanilla Ice Cream

苹果派配香草冰激凌

第三节　中西结合宴席菜品与菜单设计(选学)

在中国传统的宴席基础上,吸取西式宴席制作的独特风味和中式宴席特色,两者结合而形成的新式宴席,近年来在餐饮界颇为流行,是中西饮食文化交流的产物,通常有自助餐式宴席、冷餐酒会式宴席、鸡尾酒会式宴席、茶会式宴席、中西结合式宴席等,深受各界人士的欢迎。

一、中西结合宴席菜的特点

(一)宴席气氛活跃,形式多种多样

这类宴席形式多样,气氛活跃,其最大特点是采用中式和西式两种服务交叉进行,有利于中西菜品的融合,体现中西结合饮食文化风格,增添宴席气氛和点缀就餐环境,使就餐客人感受异国情调。

(二)菜品中西合璧,风味别具一格

冷餐酒会、鸡尾酒会这种宴席通常是以冷菜为主,热菜、点心、水果为辅,将各式菜品集中放置于餐台上,宾主自主挑选喜食的菜点和饮料,自由交谈,不受传统宴席礼节约束,便于交流和外交活动。这种自助式就餐方式具有节约宴席成本、烹饪原料浪费少、便于预先准备菜品、节省制作菜肴时间、客人选择菜点范围大等优点。同时,菜品中西合璧讲究色泽和荤素搭配,口味富于变化,注重西式调味品运用,热菜采用加热保温设备,便于较长时间保持菜点温度。

(三)现场烹饪菜肴,增加宴席氛围

这类宴席在菜品组配上增添了现场烹制菜品,即有些菜肴在餐厅中进行现场烹饪,让客人观摩,为宴席增添乐趣。常见现场烹饪菜品有西式煎牛排、煲仔极品翅、日式银鳕鱼、黄油焗大虾、黑椒煎羊排等。

二、中西结合宴席菜的要求

(一)中西菜点配置比例要合理

在制定宴席菜单时,要根据消费者的要求,注意中、西菜点配置的比例,以免在菜单中中式菜点的比重过大,给人感觉是中式宴席;也不要西餐菜点占大部分,给客人感觉是西式宴席,最好中西菜点两者各占一定的比例。还要根据就餐者的人数、档次和要求全面衡量,制定合理的菜品结构。

(二)注重菜品的统一协调

中西结合宴席的各类菜品搭配要合理,两者菜式及所用原料不宜相同,不要重复使用某一种原料。在烹调方法和口味上要注意变化。如西餐菜品有烤鸡,中餐

就不能再安排烤鸡了,否则,宴席效果就会受到影响。

(三)合理安排上菜顺序

中西结合宴席的菜品烹制,由于在两个不同生产厨房分别完成,在制定菜单时要考虑上菜顺序,以免造成上菜过程不统一,影响客人就餐。

三、中西结合宴席菜单的设计方法

中西结合宴席菜单设计不同于一般宴席菜单设计,它必须以中西宴席菜品为中心,以宴席特色为导向进行设计。它是将不同菜式风味进行适当的组合,成为一种全新风格的宴席。

(一)中西结合宴席菜单的组成内容

中西结合宴席菜单的内容包括冷菜、沙拉、中菜、西菜、汤、点心、甜品、水果等。中式菜品和西式菜品在类别、品种、烹调方法等方面应各占一定的比例。

(二)中西结合宴席菜单设计注意事项

(1)菜品上菜顺序严格按照宴席的要求进行编排;

(2)菜品的品种尽量满足消费者的特殊需求;

(3)选择好菜品组合方式,考虑中西式菜品组合之间的联系;

(4)菜单组配营养搭配要合理,以满足人们的营养需求。

(三)中西结合宴席菜单实例

表 7-9　某酒店中西结合宴菜单

（每桌 10 人,每位 180.00 元,酒水除外）

驰名八味冷盘	酥皮海味盅	黄油焗大虾	XO 酱海中宝
黑椒蜗牛鹅肝酱	日式烤鳗鱼	酥炸龙利鱼	榄菜炒豆角
冬瓜蒸饺	海鲜特式意粉	时令鲜果拼	

表 7-10　某酒店中西结合宴菜单

（每桌 10 人,每位 250.00 元,酒水除外）

什锦蔬菜沙拉	风味各客冷盘	刺身三文鱼	蟹粉白玉羹
胡椒汁煎西泠	铁扒鸡肝串	千岛菠萝虾	什锦天妇罗
茯苓老龟汤	意式馅饼	水晶蒸饺	火焰冰激凌

四、制作中西结合宴席菜肴的注意事项

(一)精心准备制作菜品的货源

选料是中西结合宴席制作的重要环节,包括对各种原料的采购、鉴别与选择。

特别是西餐所用原料一定要提前准备,保证供应。

(二)合理安排厨房工作人员

由于中西结合宴席是由中西两厨房共同制作,厨师长要合理地组织人员,根据宴席菜单明确分工,认真做好中西餐原料的切配加工、调味品的准备、原料的初步熟处理等。

(三)重视菜品生产过程

烹制菜肴时要严格按照每道菜的标准菜谱正确加工。首先,炉灶间必须充分做好开餐前的准备工作,对各种菜品的预热处理要统一协调,特殊调味品的预制工作要提前准备,对于一些特殊菜品需长时间加热的要事先烹调;其次,要控制好上菜的程序与节奏,要有专人负责协调这类宴席的上菜工作。

第四节 大型宴席菜品与菜单设计(选学)

大型宴席通常都有特定的主题,如国际友好往来、各种庆典活动等。这类宴席有着明确的目的和意义,参加人数众多,规格要求高,整个宴席都围绕主题进行设计。

一、大型宴席菜的特点

(一)规模较大,气氛热烈

大型宴席参加人数多,场面豪华,对菜品要求高,要突出宴席主题,并有严格的开宴程序及上菜要求,举办者必须具有较强的组织能力。宴会具有就餐人数多、消费标准高、菜点品种多、气氛隆重热烈、就餐时间较长、接待服务讲究等特点。

(二)工作量大,菜品制作讲究

大型宴席因菜肴制作数量多、菜品制作讲究,参加工作人员多、工作组织量大,事先要做充分的准备工作,服务程序要严格按设计的要求及规定进行,以免临场忙乱,影响整个宴席的进程和菜品生产质量。

(三)组织周密,要求较高

大型宴席在环境布置及台面布置上既要舒适干净,又要突出隆重;在菜点选配上有一定的规格和质量要求,要按规范的顺序上菜,菜品讲究色、香、味、形、器;在接待服务上强调周到细致,注重礼节礼貌,讲究服务技巧和服务规格。

二、大型宴席菜单的设计要求

(一)确定宴席菜内容

宴席菜内容主要根据就餐人数、对象、标准、原料的供应情况、厨师的技术水平和厨房设备条件来确定。具体要明确菜品的名称、烹调方法、数量、荤素搭配比例及装盘的类型和菜品的造型。通常成立大型宴会组,宴会组由专业人员组成,集中研究宴会菜单并负责实施。

(二)明确烹饪用料的计量

菜品内容确定后,通过对每道菜品所用原料进行分析和预算,并根据大型宴席的桌数,算出烹饪原料的数量,并加以成本核算。如达不到所规定的利润标准,要及时更换菜单菜品内容,既要保证烹制菜品的质量和数量的准确性,又要确保企业的利润。

(三)厨房人员安排合理

菜品内容一旦确定后,要明确总负责人,各项工作按现有厨师的技术水平具体分工,做到分工明确,责任到人,使各项工作按设计要求,有条不紊地进行。

(四)宴会要突出特色

当今大型宴会的形式及观念发生了较大的变化。举办宴会,是重在"会"上,即创造一个与参加宴会的来宾相称的宴会氛围,着重利用宴会这种特定的聚会方式,表达礼仪和进行交流。而对宴会食品则强调质量、精美,体现水平,突出特色。

(五)宴会制作工艺快速化

大型宴会参加人数多、场面大,这要求主办力控制和掌握宴会的时间,做到活动内容丰富,过程节奏紧凑,宴会主题突出。应在规定的时间完成上菜,宴会所使用的原料或某些菜肴,趋向采用中央厨房生产方式,提前制成半成品或成品,从而加快宴会上菜的速度,有效控制宴会就餐时间。

三、大型宴席菜单的设计方法

设计大型宴席菜单首先要确定宴席活动的主题,然后结合宴席档次及客人要求来设计菜单内容,以确定主要菜点和必用菜点。这类宴席菜单的设计,有时可采用集体讨论法来确定菜品,因为宴席规模大,参加人数多,组织难度大,要争取做到万无一失。

四、大型宴席菜单的设计实例

表7-11 某市金秋洽谈会菜单

(每桌 10 人,每位 200.00 元,酒水除外)

菊花盐水鸭	八味美碟	蟹黄白玉羹	蒜蓉小青龙
京葱炆三珍	尚汤软兜	酥银鳕鱼	菜胆扒花菇
满园春色	黄桥烧饼	荠菜春卷	什锦水果盘

表 7-12 某酒店国庆招待会菜单

（每桌 10 人，每位 250.00 元，酒水除外）

潮州卤菜拼	精致八味碟	锦绣鱼翅羹	蒜香深海虾
南国妙龄鸽	蟹粉烩鱼肚	美极掌中宝	葱蚝活石斑
田园炒时蔬	美点映双辉	什锦水果拼	

表 7-13 杭州 G20 峰会晚宴菜单

八方迎客（富贵八小碟）	大展宏图（鲜莲子炖老鸭）	紧密合作（杏仁大明虾）
共谋发展（黑椒澳洲牛柳）	千秋盛世（孜然烤羊排）	众志成城（杭州笋干卷）
四海欢庆（西湖菊花鱼）	名扬天下（新派叫花鸡）	包罗万象（鲜鲍菇扒时蔬）
风景如画（京扒扇形蔬）	携手共赢（生炒牛松饭）	共建和平（美点映双辉）
潮涌钱塘（黑米露汤圆）	承载梦想（环球鲜果盘）	

表 7-14 南京青奥会国宴菜单

金陵四宝汤	雀巢爆羊柳	香炸大明虾	黑椒煎牛排
香烤银鳕鱼	白灼翠芥蓝	金陵方糕	水晶素馅状元饺
水果冰激凌	黑米露汤圆	环球鲜果盘	

五、制作大型宴席菜肴的注意事项

（一）烹饪原料准备工作

大型宴会需要准备的烹饪原料品种多，食品安全标准高，从原料的定量采购到初步加工都要精心组织，对干货原料要提前进行涨发，并根据季节变化，对需要初步加工的原料，应尽早加工，并要妥善保管，各种原料准备工作尽量充分、正确，符合烹调要求。

（二）菜品生产过程的控制

大型宴席就餐人数较多，需要的菜品数量大，如果集中在开宴时进行烹制就显得时间紧迫，很可能耽误开宴的时间。所以，必须在条件允许的情况下，提前烹制成部分菜品。对一些需要保持鲜嫩和颜色的菜品则即时烹制。

（三）盛器的选择与配备

大型宴席所用的各种规格的碟、盘等盛器特别多，必须在装盘前彻底清洗、消毒、烘干。凡是宴席所用的盛器必须数量准确，规格齐备，无破损现象。

（四）装盘的手法和技巧

菜品的装盘是宴席制作的最后一道工序,要根据宴席的桌数、厨师技术力量和装盘的繁简,在时间上做出正确的估计。如果厨房设备和工具好,气温不太高,有些菜肴可适当提前装盘。尽量一道菜走完接着准备下一道菜,以免造成紧张忙乱,影响正常上菜程序。在菜肴装盘过程中,必须分工负责、检查督促,并认真执行。装盘完毕后,还要做好菜品点缀工作,形成宴席菜品整体美的效果。

（五）食品安全与卫生的控制

大型宴会制作工艺讲究,参与制作的工作人员多,必须加强食品安全与卫生的控制,要进一步完善食品安全责任体系,细化菜品制作的任务安排,落实监管保障措施和应急预案。强化菜品制作安全各环节监管,做到无缝衔接,保证大型宴会食品安全。

第五节 特殊宴席菜品与菜单设计

特殊宴席就是在烹饪原料运用上、烹调方法上和宴席形式上具有一定特色,这种宴席往往用一种或同类的原料采用不同的烹调技法制出口味各异的菜品,以宴席的规格要求组合起来,如全鸭宴、全羊宴、全鱼宴、全素宴等。

一、特殊宴席菜的特点

（一）选择原料严格

特殊宴席设计成功与否取决于宴席设计的科学性、合理性,同时还取决于原料的选择和厨师技艺的高低。特殊宴席菜十分注重原料的合理选用,通常以一种原料为主,采用各种烹调技法制作成各种菜品。不同原料、不同部位的品质各有特点。如猪肉,前腿肉精中夹肥、质粗而老韧,后腿肉精多肥少,里脊肉鲜嫩异常。制作菜品时应根据烹饪之需合理选用原料,肋条肉制作东坡煨肉,大排肉制作南乳炸猪排,蹄膀制作冰糖扒蹄,里脊制作尖椒炒里脊等。

（二）烹饪技法各异

特殊宴席菜更加体现因材施艺,可以说是形成特殊宴席菜品多样化的原因之一。因材施艺就是根据原料特点,采用不同的烹饪方法和巧妙切配组合,制成特殊宴席菜品,其菜品主料单一,色、香、味、形各异,别具一格。

（三）菜品组配巧妙

制作特殊宴席非常讲究菜品造型,对同一种烹饪原料要采用不同的造型技法和组配工艺,使宴席菜品丰富多彩、艺术性强。在色泽上则讲究各菜品之间要有区别。所以,在整体设计时要全面考虑,在原料的搭配上要科学、巧妙,富有时代气息。

二、特殊宴席菜单的设计要求

（一）突出菜品的地方性

特殊宴席菜尽量以当地土特产为原料,结合各种烹饪技法,烹制出风味独特的菜品。例如江南盛产鸭,可制作"全鸭宴",北方盛产羊,可制作"全羊席"等。

（二）讲究菜品组合的科学性

制作这类宴席,由于主料单一,菜品变化要求高,加工生产难度大,因此,菜点的组合更要讲究科学合理,搭配时要考虑突出烹饪特色,菜品与菜品之间既要形式统一,又要讲究营养均衡,充分显示宴席的独特。

（三）显示烹调技艺的特殊性

特殊宴席菜一般以某一种原料为主,菜点主题要围绕这种原料展开。设计菜单时要考虑原料的局限性,必须巧妙采用多种辅料和各种烹调方法方能制作出各种美味佳肴。

三、特殊宴席菜单的设计方法

在设计上一般以某种菜品原料和某一主题宴席为指导思想。首先确定宴席菜单的主要菜品,再配置辅助原料,用独特制作菜品的工艺流程,配制出特殊宴席菜点。

（一）特殊宴席菜单的内容

一般分为冷菜类、热菜类、素菜类、点心类、汤类、水果类等。

(1)冷菜类:基本上以某一种原料或某一主题为中心的菜品。一般为 8 个单盘,例如全鳝宴冷菜有脆鳝、鳝酥、炝虎尾等。

(2)热菜类:一般安排 6~8 道菜品为宜。如全鸭宴可上烧鸭、金牌火鸭卷、白玉烤鸭羹、宫保鸭丁、香酥肥鸭等。

(3)素菜类:一般安排 1~2 道菜品为宜,选用与特殊宴席主题相近的原料制作,如全鸭宴的烤鸭煮干丝、全蟹宴的蟹粉豆腐等。

(4)点心类:一般安排 2~4 道点心为宜,应尽量是与宴席主题相关的点心品种。如全鱼宴的鱼汤小刀面、全蟹宴的蟹黄汤包等。

(5)汤类:一般配以 1 道羹菜和 1 道某一原料烹制的汤菜。

(6)水果类:一般配以时令水果,把多种水果拼为一盘。

（二）特殊宴席菜单设计的注意事项

1. 突出特殊宴席的主题

宴会的主题不同,其菜品的组成形式有所不同。特殊宴席必须按照某一主题来设计宴席菜品,尽量满足消费者的各种需求。

2. 菜点命名要富有内涵

菜品的命名既要让客人读懂内涵,又要使客人产生食欲和联想,回味无穷。特殊宴席菜命名还应结合宴席特点,既显得不落俗套,又能突出宴会主题,增加宴席气氛。

3. 菜点要有独创性

特殊宴席菜点无论在整体设计上,还是单个设计上,都要有独创性,否则,就难以吸引客人。宴席菜单设计必须显示特色,表现出酒店宴席菜点的个性及时代特征,让客人在享受宴席的同时,得到文化艺术的熏陶。

创造性地设计特殊宴席菜点可从以下两方面考虑:

(1)对传统特殊宴席应采取继承与发扬相结合的方法。发扬传统特殊宴席菜的特色,并对传统特殊宴席菜作深刻的分析,取其精华,再进行改良和创新。

(2)结合时代背景,创新宴席菜点。客人参加宴席有各种各样的心理,应当设计一些能让就餐者学到饮食文化知识、获得享受的特殊宴席菜品。

4. 重视面点的配置

宴席菜品丰盛诱人,若没有点心配合,就好比红花没有绿叶衬。在饮食行业中有句俗语:"无点不成席。"点心是特殊宴席菜单配置中不可分割的一个整体。

(三)特殊宴席菜单设计实例

表 7-15　某酒店全鸭宴席菜单

(每桌 10 人,每位 120.00 元,酒水除外)

冷菜			
盐水鸭	卤鸭肫	辣油鸭肝	陈皮鸭丁
葱油鸭舌	双黄咸鸭蛋	鱼香鸭肠	酥味鸭条
热菜			
白玉烤鸭羹	鸭包鱼翅	松子鸭卷	炒美人肝
掌上明珠	叉烧全鸭	鸭油时蔬	扁尖鸭方汤
点心			
鸭肉烧卖	春泥鸭蓉饼	甜菜	橘瓣芙蓉
水果			
什锦果盘			

表 7-16 某酒店全鱼宴席菜单

（每桌 10 人，每位 100.00 元，酒水除外）

冷菜

金鱼戏水	手撕糟鱼	五香熏鱼	咖喱鱼球
茄汁鱼片	橘香鱼糕	瓜姜鱼丝	鱼露芹菜
红油鱼皮			

热菜

芙蓉银鱼	龙舟云吞	糖醋鱼扇	豉汁蟠龙鳝
冬菜蒸鳜鱼	鲮鱼炒芥菜	枸杞炖甲鱼	

点心

生煎鱼肉锅贴	鱼汤小刀面

甜菜

拔丝鱼丸

水果

时令果盘

四、制作特殊宴席菜点的注意事项

制作这类宴席的关键在于菜品的生产环节，厨房各岗位工作人员要共同负责。首先，原料数量要根据整桌宴席就餐人数来确定，做到合理利用原料；其次，菜肴制作过程中尽量选择不同技法，餐具的配套、上菜程序的衔接等各项协调工作，都由有经验的厨师长负责，以保证每道菜品都能按质、按量、按时地上桌。

本章小结

本章较全面地阐述了宴席菜及菜单设计与制作的特点，并根据各种类型宴席的特点提出了宴席菜品与菜单设计的具体要求、内容、注意事项。对有关菜单实例进行了详细的列举，做到理论联系实际，使学生通过学习系统地掌握宴席设计与菜肴制作的注意事项。

【思考与练习】

一、职业能力应知题

1. 中式宴席菜单与菜品设计与制作的特点和要求是什么?

2. 中西结合宴席的特点有哪些方面?

3. 简述中西结合宴席菜单与菜品设计要求和方法。

4. 试述大型宴席菜单与菜品设计要求。

5. 特殊宴席菜单与菜品的设计要求有哪些?

6. 中式宴席菜单与菜品设计的注意事项包括哪几方面?

7. 中式宴席菜肴制作要求有哪些?

8. 中餐宴席与西餐宴席菜单在设计内容上有何区别?

二、职业能力应用题

1. 根据特殊宴席要求设计菜单一份。

    (1)季节:春季。

    (2)主题:全鱼宴席。

    (3)标准:每桌10人,800元一桌,原料成本以当地售价为标准,销售毛利率50%。

2. 根据中西结合宴席要求设计菜单一份。

    (1)季节:冬季。

    (2)主题:新春佳节宴。

    (3)标准:每桌10人,1400元一桌,原料成本以当地售价为标准,销售毛利率55%。

    (4)规定:8个冷菜,7个热菜(4荤、2素、1甜菜),1个汤,2道点心。

3. 中式宴席菜单的组成内容有哪些? 请举例说明。

第 8 章
美食节菜单与菜品设计

学习目标

- ◉ 全面理解美食节的特点和菜单与菜品的制定原则
- ◉ 掌握美食节菜单与菜品的设计步骤
- ◉ 掌握美食节菜肴的制作要求
- ◉ 懂得美食节菜肴制作的注意事项

　　美食节,又称为食品节,它是具有一定实力的餐饮企业在正常经营的基础上所举办的多种形式的系列餐饮产品的促销活动,也可以说,美食节是餐饮企业名菜名点的展示会。美食节给了餐饮经营者全面展示自己烹饪技术实力的机会,在一定程度上丰富了餐饮企业经营的内容。美食节菜单涉及方方面面,经营者应了解美食节特点,紧紧围绕潜在市场需求,综合考虑餐饮规模、厨师技术水平和设备状况来设计和制作美食节菜单。

第一节　美食节的特点和菜单的制定原则

一、美食节的特点

　　美食节是在餐饮企业正常经营的基础上所举办的各种形式的餐饮产品推销活动,具有以下几方面的特点:

(一)餐饮产品的多样性

　　各种美食节的活动内容、活动方式和菜点品种都不完全相同,如"江苏菜美食节"主要是江苏地区的名菜名点的展示;"江鲜美食节",其产品内容主要是用长江水产原料制作的乡土菜肴;"法国食品节"的内容则以法式大菜为主体。美食节活动的菜品大多数是根据活动计划、活动内容、活动方式单独设计的,即使相邻的两次美食节活动,其餐饮产品的内容和菜单设计也应该完全不同。

（二）经营方式的灵活性

美食节是现代餐饮竞争的产物,餐饮经营者可以采用灵活多样的经营方式,如海鲜美食周、时令菜点美食周、野外烧烤节等。其活动内容、活动方式大多是根据餐饮市场的环境机遇和市场竞争需要来确定。为此,餐饮经营者要树立开拓精神、创新意识,善于抓住机遇,采取多种经营方式,搞好美食节。

（三）销售时效的阶段性

餐饮企业在举办美食节时,其时间都是有限的,长的美食节一般为一个月,如"冬季时令菜点美食节",一般美食节是以一周或两周为周期。由于在时间上具有明显的阶段性,所以要求较高,而且餐饮企业还要根据日常接待情况,选择最佳时期举办美食节活动。经营者可利用各种媒体进行广告促销,并聘请烹饪高手展示厨艺,使餐饮企业经营活动更加符合社会发展的潮流。

（四）管理过程的周密性

举办美食节需要投入大量的人力和物力,其组织与管理过程是一个较为复杂的过程,所以,组织美食节工作要做到:

（1）美食节整个活动计划的安排要严密。在举办美食节以前,要选择时机,研究活动内容和方式,要做好客源的预测、经济效益估算,并严密安排好活动的工作步骤。

（2）美食节前要做好广告宣传和营销活动,聘请或组织名厨师,做好美食节货源的准备、拟定菜单、厨房进行试菜等方面的各项工作。

（3）要做好各部门的协调工作。美食节活动涉及若干部门,必须加强各部门的协调配合。这些具体工作不是餐饮部门能够单独完成的。所以,餐饮企业上下管理人员必须树立整体意识,具有全局观的思想,保证美食节活动的顺利开展。

（五）活动策划的创意性

美食节活动没有固定的经营模式,这就要求餐饮企业进行有效的市场预测,大胆创新,采取各种方式,以求获得社会的关注。美食节的主题和创意设计可以有许多方法,如"锦绣江南美食节",可在餐厅装饰上用江南的小桥流水、田野风光以渲染气氛;在酒店举办各种美食节时可以举办艺术表演、名曲欣赏等活动。

（六）社会影响的广泛性

餐饮企业举办美食节就是为了在行业中、在社会上、在宾客心中产生好的效果,所以利用各种媒体进行全方位宣传,可以使客源增加、消费额倍增,形成餐饮局部优势,扩大产品的社会影响,扩大企业知名度,获得良好经济效益和社会效益。

二、美食节菜单的设计原则

美食节的菜单是餐饮企业经营、促销、服务的计划书,也是直接与顾客进行信息交流的工具,宴席菜单的设计必须遵循以下原则:

(一)菜单所定菜点与主题风格一致

在设计美食菜单时,要紧紧围绕主题来设计。通常是在确定主题之后,再来选择菜点,如"长江江鲜美食节",其品种内容都要围绕江鲜原料而设计菜单;"红楼菜美食节"中的菜点都应是《红楼梦》中的菜点,否则就失去了主题意义。

(二)菜点风格要独特

美食节的显著特点是时间短,所以要求菜品风格独特、有创意,能充分吸引顾客。菜单要精心设计、印制精美。

(三)菜点数量要适宜

美食节菜单都由与某主题有关的系列菜品组成,具有独特的风味。但菜点数量要适宜,若品种过多不能保证供应,反而影响餐饮企业的形象。从另一角度来看,菜品过多使客人点菜时决策困难,会延长点菜时间,降低餐位周转率,影响营业收入。若品种过少,客人挑选菜品余地少,不能满足众多客人的饮食消费要求。

(四)菜点搭配要相对合理

在美食节的菜单上,应尽量满足不同层次的客人需求;所列菜点在口味上应富于变化,适应面广;要注意菜品的价格合理,做到高、中、低档都有。还要注意菜品营养搭配要合理,充分考虑食物对人体健康的效用。

(五)注意选择利润大的品种

餐饮企业举办美食节要获得经济效益,在设计菜品时要重视烹饪原料的成本,考虑菜品的售价与顾客接受程度,选择一些能产生较大利润的菜品。

第二节　美食节的种类和菜品设计

餐饮企业在确定美食节主题后,美食节菜单就必须根据主题来进行设计,对菜单的形式进行选择。

一、美食节的种类

美食节的种类较多,这里做一简要归纳和分析。

(一)以单一烹饪原料为主题

以某一原料或某一类原料为主举办的美食节,充分体现了原料的风味特色。在选择原料方面,抓住时令特点,展示具有时令特色的美味佳肴,如春季"阳春刀鱼美食节"、夏季"时果菜美食节"、冬季"山珍炖品美食节"等;或体现原料的特色,如"金秋螃蟹美食节""海鲜菜点美食节";或体现其制作技艺,如"蒙古全羊美食节""金陵鸭菜美食节"等。

(二)以节日为主题

无论是中国传统节日,还是海外的节日,都成为现代餐饮界充分利用的最佳时机。如端午节推出的"粽子美食节"、中秋节的"花好月圆美食节"、元宵节的"赏花灯美食节"、春节的"快乐新春美食节"、圣诞节推出的"圣诞狂欢夜美食节"等。

(三)以地方菜系、民族风味为主题

中国菜系众多,以某一地方菜系、民族风味为主题的美食节,在餐饮企业运用十分普遍,如"岭南菜美食节""巴蜀菜美食节""云南菜美食节""杭帮菜美食节"等。这类美食节,可聘请当地有一定知名度的烹饪大师为主厨,亦可利用本店较擅长此风味的著名烹饪师亲自主理菜点,特别是民族风味食品节,在餐厅装饰、服务员服装、餐具选择上,都充分体现民族特色。

(四)以名人名厨为主题

从古到今,我国烹饪界许多菜点与名人名厨有一定关系,以本地区、本店烹饪技艺为特色,可以推出以名人、名厨命名的美食节,如"苏东坡美食节"等。

(五)以仿古菜为主题

餐饮企业以某一特色仿古菜作为主题举办美食节。这种活动要聘请专家学者和高级烹饪大师共同参与,如"红楼菜美食节""谭家菜美食节",还有"满汉全席美食节""南京六朝古都宴美食节"等。

(六)以本地区、本酒店名菜点为主题

餐饮企业可充分利用本地区、本饭店的传统名菜点、特色菜、创新菜推出美食节,既可以是宴席,也可推出套餐和点菜,形式多样。还可以利用著名旅游景点饮食文化设计美食节,如"太湖船菜""南京秦淮风味小吃""上海城隍庙小吃美食节"等。

(七)以乡土风味为主题

餐饮企业可在适当时机推出物美价廉、具有乡村特色的美食节。如"江苏盱眙小龙虾美食节""山东家常菜美食节""湖南田园美食节"等。

(八)以海外菜为主题

大型星级酒店可利用客源优势,突出本店餐饮风格特色,或聘请外国名厨主理,或请有关专家指导,举办美食节。如"西班牙菜美食节""日式料理美食节""法式大菜美食节"等。

(九)以喜庆寿辰内容为主题

以喜庆寿辰等作为美食节的活动内容,在现代餐饮经营活动中占有的份额较大。如"龙凤吉祥宴""永结同心宴""百年好合宴""周岁快乐宴""十岁千金宴"
"松鹤延年宴"等。

(十)以某种烹饪技法和食品为主题

以某一种烹饪技法和某一类食品为主的美食节,如"系列烧烤美食节""系列
串烧菜美食节""巴西烧烤美食节""海岛风情美食节"等。

(十一)以食品功能特色为主题

餐饮企业可以根据食品原料、菜点的营养与功能特色作为美食节的主题,如
"药膳美食节""食疗菜品美食节""美容健身美食节"等。

(十二)以某种餐具器皿为主题

以某种餐具器皿为主题的美食节,如"系列煲仔美食节""系列铁板菜美食节"
"砂锅菜品美食节"等。

二、美食节的菜品设计

餐饮经营者要明确供餐方式,突出主题,着手设计美食节的菜品与菜单。

(一)美食节菜单类别

1.宴席菜单

现代餐饮企业在美食节活动中,普遍重视宴会菜单的制定,在具体进行菜单编
排时,都十分注重所列菜品原料、口味、造型、营养、烹饪技法等,使菜单菜品更加完
善。宴席菜品比一般菜品更加讲究造型美观,烹制精细,定价较高。在美食节期
间,宴席菜按价格不同分设几套菜单,一般分为高、中、低三种档次,供顾客选择。

2.零点菜单

零点菜单是美食节的常用形式。注意设计的菜点品种不宜过多,可特别聘请
外地名师吸引顾客。美食节零点菜单同餐厅原有的零点菜单有较大区别,它必须
保证菜品的100%供应。在制定菜单时,要注意对菜品的原料、烹调技法和价格搭配
合理,并要求现点现烹,做工精细,因而零点菜单在价格上比套餐和团体菜要贵。

3.套餐菜单

套餐菜单的最大特点是限定菜品。这种形式的菜单可以减少顾客点菜的麻
烦,也可以方便烹饪原料的采购和厨房厨师的备料,使菜品烹制过程更加快捷。套
餐菜品价格一般固定不变,为了满足顾客需求,可以制定几套菜单。

4.自助餐菜单

在制定自助餐菜单时,要考虑自助餐供应主要是通过菜点的展示,以扩大影响
和销售。一般采用适合大批量生产并且放置后菜品质量下降幅度小的菜品。要注
重菜品颜色的搭配和造型有利于展示,数量搭配要合理,避免使用个别群体喜欢的
菜品。美食节自助菜单设计菜品要注重满足客人的多样需求,还要注重各类菜品

的数量要适度,以免造成浪费。自助餐菜单内容构成有冷菜类、色拉、时果、热菜类、点心、甜品、饮料等。

（二）美食节菜品设计步骤

1.拟定主题和菜品

餐饮经营者根据美食节所确定的主题,搜集与美食节主题有关的资料,再从有关烹饪食谱、书籍及有关杂志中选出适合菜品,以备参考。

2.选择原料

要充分考虑原料季节和产地的供应情况,进行备料工作。而且要了解菜品是否适应当地饮食习俗,以进一步修改菜式,最大限度地满足客人对菜品的需求。

3.分析菜品

进一步对比分析菜式,对厨房设备和厨师技术现状进行认真的分析,并决定对菜式保留或舍弃。

4.确定菜品

通过对菜式的分析,确定应留的菜式,对其烹制,经调整后建立每道菜的标准菜谱,明确美食节的菜单。

（三）美食节菜品设计应考虑的因素

1.员工的技术能力

菜肴的制作要考虑厨房工作人员的技术力量,厨房员工技术水平在很大程度上影响和限制了菜式的种类和规定。聘请外地的厨师时,也要充分了解其技术水平,以防请来的厨师达不到应有的水平,造成不必要的损失。

2.厨房的设备设施

菜品设计还应考虑厨房设备的配置。设备的质量将直接影响食物制作的质量和速度,若美食节需要添购烹饪机械器具,一定要在美食节举办之前先试用,以保证最佳效果。

3.食物烹饪原料的供给情况

市场行情与营销策略是决定美食节利润的关键。近年来,原料市场繁荣,品种丰富,送货上门,服务周到,但有时还会出现原料供给的问题。如"山珍海味美食节",在构思之前,要确保主要海鲜不能断货,以防止客人点菜多,原料接不上而影响声誉。

4.餐饮服务系统的实际情况

美食节是酒店餐饮业务活动的中心,要考虑餐饮服务系统的情况。美食节的菜式品种越丰富,所提供的餐具种类就越多;菜式水准越高、越有特色,所需的设备餐具也就越特殊;原料价格昂贵的菜式过多,必然会导致菜肴成本加大;精雕细刻的菜式偏多,也会增加许多劳动力成本等。诸如此类的问题,必须与酒店经营档次情况相符,方能确保活动成功。

(四)美食节菜单实例

表8-1 圣诞狂欢美食节自助餐菜单

(每位158.00元,含酒水)

西式冷菜	黄瓜色拉	樱桃番茄	玉米色拉	吞拿鱼色拉
	双豆色拉	肠仔沙拉	紫包菜色拉	菠萝鸡色拉
中式冷菜	盐水鸭	水晶肴肉	卤鹌鹑蛋	水果泡菜
	夫妻肺片	蒜香瓜脯	盐焗凤爪	松仁香菇
中式热菜	白灼大虾	妙龄乳鸽	黑椒炒牛肉	香干炒芦蒿
	黄金发菜卷	粉蒸肥肠	北菇扒菜胆	家常豆腐
西式热菜	香炸鸡翅	芝士鱼排	瑞士猪排	香炸鸡尾肠
	酥盒菠菜	清炖牛腱	炸土豆条	意大利面条
汤	土豆浓汤	蔬菜汤	笋尖老鸡汤	山珍海味汤
西式点心	苹果派	拿破仑酥饼	芝士蛋糕	草莓慕斯蛋糕
	核桃派	黑、白巧克力	黑森林蛋糕	巧克力慕斯蛋糕
	各式果冻	水果蛋糕		
中式点心	春 卷	南瓜饼	黄桥烧饼	马蹄糕
水 果	橘 子	香 蕉	葡 萄	柚 子
	西 瓜	哈密瓜	黄 桃	菠 萝
明 档	火 鸡	片皮鸭	烧烤牛排	串烧鲜鱿
酒 水	啤 酒	饮 料		

表8-2 潮州菜精品回顾展

美食节零点菜单

名称	售价		
	大	中	小
浓烫鸡煲翅	—	180.00 元/例	—
红烧燕窝盏	—	198.00 元/例	—
蟹黄玉盅翅	—	190.00 元/例	—

续表

名称	售价		
	大	中	小
木瓜炖燕窝	—	180.00 元/例	—
蚝皇炆南非干鲍	—	368.00 元/例	—
妙龄炸乳鸽	—	18.00 元/只	—
酸梅明炉鳜鱼	—	58.00 元/500 克	—
鲍汁辽参扣鹅掌	116.00 元	86.00 元	58.00 元
香草酱烧海上鲜	78.00 元	58.00 元	38.00 元
七彩茶树菇	78.00 元	58.00 元	38.00 元
汕头牛丸炉	86.00 元	68.00 元	38.00 元
辣油焗花螺	78.00 元	48.00 元	28.00 元
XO 酱爆生肠	58.00 元	38.00 元	26.00 元
菊香王蛇羹	86.00 元	68.00 元	38.00 元
吉祥煎年糕	45.00 元	36.00 元	20.00 元
冠顶虾饺皇	46.00 元	36.00 元	18.00 元

表 8-3 江南水乡宴

（每桌 10 人，每人 150.00 元，酒水除外）

桂花盐水鸭	十味美碟	雀巢凤尾虾	上汤生炖甲鱼
锡包荷香骨	蜜瓜烤鸭松	浓汁炖生敲	玉板炒豆苗
沙河鱼头	原笼汤包	鸡汁小刀面	豆腐锅贴
芡实山芋羹	应时鲜果		

第三节 制作美食节菜肴的注意事项

餐饮产品的生产加工是美食节经营活动的主体及销售服务的基础，菜肴制作则是其中的一个关键环节。

一、菜肴制作前的准备

（一）落实厨房工作人员，合理安排时间

美食节期间是否需要聘请外聘厨师，特别以西餐为主的美食节活动是否需要聘请外国厨师，都要认真考虑，如决定聘请，就要做好准备工作，具体落实。若依靠本饭店厨房内部的技术力量举办美食节，则要指定专人负责美食节期间的各类食品生产，并安排好活动开展的起止、生产和营业时间，以便及时组织货源，保证美食节的正常运行。

（二）试制菜点培训生产和服务人员

无论是外聘厨师，还是本饭店厨师都应进行试菜，并根据情况请有关烹饪名家进行品尝鉴赏。试菜可以了解当地客源市场对菜品的认可和接受程度，进行适当的调整，可以进一步明确菜点制作标准，以利于控制成本，进行培训、存档。还可借试菜的机会，对参与食品节菜点烹制和销售的厨师、服务人员进行现场培训，使其充分了解将要烹制和推销的菜点的用料、制作流程和成品特色。

（三）组织货源，调剂用具设备

不仅要备齐美食节所需的各种原料，同时还要根据美食节用料清单备齐各种盛装器皿和装饰品。在菜肴烹制前，还应做好设备用具的调配安排工作。

（四）明确菜肴质量标准

对切配过程的控制是保证菜肴质量的重要环节。为使配料工作准确，在厨房中应配发计数、计量的工具，厨师在操作中要经常核实是否达到规格标准。标准烹调程序要详细说明各种复合调味汁的用料比例、上浆滑油标准、菜品烹调的温度和时间、调料工序及数量、盛器、菜肴造型和盘饰手法，以便在烹调中减少失误，提高菜肴生产效率和保证菜品的质量稳定。

二、菜肴制作中的要求

为了保证美食节的正常进行，要运用现代管理手段，从制定烹制加工标准、加强销量预测及降低菜品成本等方面进行控制。

（一）制定和使用标准菜谱

要想做到美食节上的菜品出品一致，使菜肴更加标准化，需要从形状、色泽、调味、数量、质地、气味等方面制定质量标准体系。

（1）注意保护菜品营养成分。注意保护菜肴营养是现代就餐者的基本要求。厨房在烹制过程中或配制每道菜品时，要考虑其营养成分的保护，使美食节菜品既有特色，又具有营养，以满足不同种类客人的需求，这也是制定标准菜谱的必然要求。

（2）讲究菜品、注重调味。每道菜品的调味要求准确。在烹制过程中要依据

不同宾客的需求,对菜品口味进行适当调整,以满足他们的特殊偏好。

(3)注重烹饪操作程序。美食节活动的成功与否,在很大程度上取决于美食节菜品的烹制是否达到高标准,因此,在美食节上要做好烹饪过程的质量控制。

(二)保证清洁卫生

(1)重视员工的个人卫生。在工作时,禁止员工吸烟、随地吐痰或嚼口香糖。工作服应清洁,没有油污、缺损。

(2)做好酒店餐具的卫生工作。对各种餐具进行有效的清洗、消毒,可以防止疾病的传染。已清洁消毒过的餐具,不要再用裸手去拿,避免新的污染。

(3)保证厨房卫生。在美食节期间,厨房各种设备必须清洗干净,如地面、厨具、排烟设备等,各种用具都要保持整洁,厨房自然通风要良好。

(4)重视储藏室及冰箱卫生:美食节期间就餐人数增加,食物存放量加大,所以,更要对冰箱进行定期清洁,做到生熟原料分开,合理存放,以减少霉菌的侵害,保证食品的质量。

(三)加大菜品检查力度

为保证美食节的成功举办,必须加大检查力度,检查菜品出品质量,做好菜品加工程序的有效控制。美食节客人的饮食偏好,是评价美食节菜点质量优劣的关键,无论菜品如何精美,若不符合客人的饮食习惯,也是徒劳。

1.菜品的外观

美食节菜品造型和点缀要求较为讲究,要想符合客人的饮食心理,就要做到菜品美观、大方、清洁、造型优雅。在举办美食节过程中应尽量安排专人负责此项工作。

2.菜品的口味

菜品口味是美食节举办成败的又一个关键。所以,在制作时应尽显菜品风味特色,对其菜肴口味的检查一般采取随机抽查和客人反馈两种方法同时进行。

3.菜品的色彩

在烹制菜品时,要保持其自然色彩,引起客人食欲,刺激他们的购买欲望。所以,检查人员要注意观察菜品的各种色彩搭配和菜品整体效果。

4.菜品的温度

菜品的食用温度与顾客的年龄、季节和个人特点有关。在美食节期间,酒店应采取相应措施,增添部分保温设备,以保证满足客人就餐需要。

(四)菜品制作过程中的基本要求

1.合理加工烹饪原料

由于加工烹饪材料的质量、鲜活程度和加工处理方法不同,原料净料率也各不相同,管理人员应制定不同食品原材料的净料率标准,这样才能保证加工质量,降低损耗。

2．严格控制成本

菜品配备的分量、用料比例直接与食品的成本相关，切配、烹调人员在保证菜品色、香、味、形和营养成分的基础上，要严格把关，控制每一道菜的成本。

3．确保烹制质量

在抓好热菜制作的同时，对冷盘、面点等综合性较强的菜品也要重视，要加强菜品质量管理。

三、菜肴制作后的分析

美食节菜肴制作后，除及时清理场地，收拾并妥善处理剩余原料、食品及装饰用品外，还应对美食节菜品进行全过程的分析研究，收集菜品征求意见表，并注意与外聘技术人员进行技术交流，以积累美食节的菜肴制作方面的经验。

1．全面评估美食节的菜品

要召开酒店厨房总结会，对美食节菜肴制作的全过程进行总结评估，从美食节的组织筹划、原料采供到菜肴制作等多方面总结经验教训。总厨师长要全面分析美食节菜品的效果，对美食节活动的计划安排、准备工作、协调情况、产品销售、客人反映做出具体全面分析，既要肯定成绩，又要对存在的问题明确指出，以便为今后的美食节活动提供决策参考。

2．整理美食节菜品档案

美食节菜品档案是酒店厨房的宝贵财富和资源，它为厨师长制定菜单提供了科学依据，为下期美食节组织管理提供了丰富的经验。把美食节活动的整套菜单资料，包括主要原料供应资料、客人对菜品的喜欢程度等信息资料均要特别保存。

本章小结

本章全面地阐述了美食节菜单与菜品在设计与制作时应遵循的原则和要求，学习掌握美食节菜单与菜品设计步骤，合理编制美食节菜单。在美食节的菜肴制作过程中，强调食品生产加工是在厨房进行，它是美食节经营活动的主体及销售服务的基础。美食节菜肴制作是一个重要环节，应掌握烹调工艺流程、方法、调味、质量要求等，并且学会在美食节结束后进行全面分析总结。

【思考与练习】

一、职业能力应知题

1. 美食节菜单与菜品制定的原则和特点有哪些?

2. 简述美食节菜单与菜品的设计。

3. 美食节菜肴在制作前的准备工作有哪些?

4. 简述美食节菜肴制作的注意事项。

5. 试述美食节菜单设计的一般步骤。

二、职业能力应用题

1. 常见美食节菜单的种类有哪些? 举例说明。

2. 美食节菜单与菜品设计应考虑哪几方面因素? 为什么?

3. 怎样对美食节菜品烹制过程进行有效控制管理?

4. 怎样对美食节菜单进行制作后的分析?

5. 试设计一份中秋佳节美食节宴席菜单,具体要求如下:

    (1)参加人数:10人。

    (2)售价:每位 150 元(酒水除外),销售毛利率 55%。

    (3)规格:8 个冷碟,7 菜 1 汤(含甜菜、蔬菜各 1 道),2 道点心,1 道水果
        拼盘。

第 9 章

主题宴席菜单与菜品设计（选学）

学习目标

◉ 了解主题宴席菜单设计的特点
◉ 掌握主题宴席菜单设计的原则
◉ 懂得主题宴席菜单设计的类型和要求
◉ 掌握主题宴席菜单设计的方法

　　主题宴席又称专题宴会，餐饮企业主要根据顾客的饮食需求，策划出不同类型的主题宴席与菜品，来刺激顾客消费，达到提高餐饮企业的社会效益与经济效益一种经营活动。主题宴席与菜品设计好坏是衡量餐饮企业管理能力与烹饪技能水平的重要指标，也是每个餐饮管理者及宴席与菜品设计者必须要掌握的一门技能。

第一节　主题宴席菜单设计的特点与原则

一、主题宴席菜单设计的特点

　　主题宴席菜单设计与一般宴席菜单设计有很大差别，主题宴席菜单设计在菜品的组合，餐厅的环境布置、台面设计、服务方式等几方面，必须围绕这一主题内容，精心策划，最大限度地突出这一主题的文化内涵，掌握主题宴席菜单的设计特点：

（一）主题宴席菜单设计的独特性

　　主题宴席菜单设计只能突出一种餐饮文化特色，在菜品的原料选择、命名、烹调方法、口味与质地、菜点组派与造型、餐厅的环境布置及服务形式等方面，必须反映这一主题宴席文化的内涵与特点，具有独特的风味与风格，如果主题特色不明显,菜品无新意,就无法赢得顾客的认同及客源市场,也达不到主题宴席设计的目的和效果。

（二）主题宴席菜单设计的区别性

宴席菜单主题不同其设计差别很大,如以地方特色风味为主题的宴席菜单,必须根据不同地方地域文化和民族特色、风土人情、特色原料、独立的烹调技法及饮食习惯来设计菜单。如以古典文史为主题的宴席菜单,必须查阅大量的文学史料,对当时社会的政治、经济、商业、人民的生活及饮食状况要有所研究,在菜单的设计、环境布置、饮食礼仪、服务形式等方面尽量恢复当时历史的概貌,给人提供一种穿越历史,享受古人的饮宴的场景。所以不同的主题宴席,在菜单设计、菜品制作等方面均有很大的差别,差别越大,特色越明显,就越能吸引更多的市场人气,带来更多更好的社会和经济效益。

（三）主题宴席菜单设计的全面性

主题宴席的菜单设计并不是简单地将菜点有机地组合,其涉及的工作面很广,如主题宴席菜单设计的文化内涵,菜品命名的依据与技巧,食品原料的采购与加工,菜品的烹调与组合,餐厅环境布置与台面设计,服务规程及灯光、音响等都要围绕主题宴席来设计,要求宴席设计人员既要有广博的文化知识,又要有较高的烹饪技能水平和组织协调能力,只有这样,才能设计出理想的主题宴席菜单。

（四）主题宴席菜单设计的周密性

主题宴席菜单设计是一项较复杂的工作,从主题宴席的策划,菜肴的命名、原材料的采购、烹调的技法、盛器的选用、餐厅的环境与台面的布置、服务的方式及营销技巧,等等,都必须考虑周密,有计划、有步骤地开展工作,做到分工明确,责任到人,有序推进,发现问题及时纠正,使整个主题宴席设计及制作过程做到万无一失,否则很难取得圆满成功。

二、主题宴席菜单设计的原则

（一）深入调研,以人为本

主题宴席菜单设计之前,必须深入调查研究。一要了解本地区或商业圈内的饭店企业经营了哪些主题宴席,顾客对哪一类主题宴席比较喜欢,饭店企业在经营过程中的方法和效果如何;二要了解宾客的风俗习惯和饮食禁忌,如民族、宗教、年龄、职业、饮食嗜好和忌讳,以及当今社会流行的饮食潮流等;三要根据所掌握的相关资料进行反复论证,确定所要举办的主题宴席类别和规模,设计一些宾客喜爱的菜品,吸引顾客消费,在设计中尽量满足宾客的饮食愿望和需求,使他们在参加的宴席中感受到主题宴席的文化内涵及菜品的丰富多彩。

（二）紧扣主题，特色鲜明

主题宴席菜单设计最核心的内容是菜品，菜品的命名与品质能否反映主题宴席的文化内涵和特征，是衡量主题宴席菜单设计的成败关键。在主题宴席设计中不能简单地把各种菜点拼凑在一起，而是要根据主题宴席性质要求，在菜肴的命名、原材料的运用、菜品的色、香、味、形及组配上既要有所不同，又要达到有机地统一，使菜单整体结构主题突出，寓意深刻，风味独特，特色鲜明。如设计以地域文化为主题的宴席时，以本地区的特色原料、独特的烹调方法和风土人情，设计出的主题宴席，一定深受广大消费者的欢迎。

（三）随价配菜，质价相称

在设计主题宴席菜单时，在菜肴命名及菜肴制作中，必须围绕主题宴席的特点及性质设计。既要考虑原材料的供求情况，又要考虑顾客的消费水平，坚持"因材施艺，随价配菜，质价相称"的设计原则。如烹饪原材料供应较困难的菜品不宜列入菜单中，国家法律明文规定的一些保护的动植物原料，不能编入菜单中。要根据原料的上市季节及供求情况，做到因材施艺，巧妙构思，合理使用，主题宴席菜单设计要满足不同消费层次客人的需求，随价设计菜单，可分高、中、低三个档次，做到设计高档宴席菜单时"料贵质精，制作精湛"；设计中档宴席菜单时"料优质良，制作精细"；设计低档宴席菜单时"料好质粗，制作精妙"，使客人真正感到质价相称，物有所值，菜品新颖，富有特色。

（四）量力而行，效果最佳

在设计主题宴席菜时，必须了解厨房的设备设施、炊具盛器能否满足开席的要求，餐厅的面积与承担的接待任务是否相符，现有厨师的技术力量能否胜任制作主题宴席的菜品，服务人员能否满足或胜任主题宴席的服务。所以，菜单设计人员应根据上述情况，创造条件，量力而行，来确定菜单中菜品及制作的繁简，做到"繁而不乱，简而不俗，"在突出主题宴席的基础上，尽量满足宾客各种饮食需要达到满意或超值的服务，同时加强管理，避免浪费，严格控制各种费用，抓好成本核算工作，确保餐饮企业合理盈利，从而获得最佳的社会效益和经济效益。

（五）狠抓细节，安全第一

在主题宴席活动期间，在环境的设计、菜品的制作、现场服务等方面要突出安全第一的原则，尤其在食品运输、加工烹调、装盘等环节中，要认真检查，做到万无一失，不用有毒有害、变质变味的食品，在烹饪加工、菜品制作过程中要做到生熟分开，杀菌消毒，防止交叉污染，引起食物中毒。在用电、用汽、用火及服务中，防止一切安全隐患的发生，绝对保证顾客个人财产及身体安全。要创造优美的就餐环境，如适宜的温度、清新的空气、优雅的音乐、柔和的灯光、美味可口的饭菜、优良的服务，使客人在快乐、舒适、安全的环境中享受美食。

第二节　主题宴席的类型与设计要求

一、主题宴席的类型

随着现代餐饮企业的不断发展,近几年,餐饮企业之间的竞争越来越激烈,为吸引和调动广大顾客的消费,各地精心策划许多富有特色的主题宴会,根据各类主题宴席的特征,大体分为如下几种类型:

(1)以人文史料类为主题。如三国宴、大唐宴、仿明宴、乾隆宴、满汉全席宴、民国宴、红楼宴、金瓶宴、随园宴、孔府宴、东坡宴等。

(2)以地域、民族类为主题。如川菜风味宴、鲁菜风味宴、苏菜风味宴、粤菜风味宴、苗族风味宴、蒙古族风味宴、维吾尔族风味宴、上海城隍庙小吃宴、法国风味宴、意大利风味宴、俄罗斯风味宴、泰国风味宴、日本料理等主题。

(3)以节日庆典类为主题。如春节、元宵节、端午节、中秋节、圣诞节、情人节、儿童节,以及饭店挂牌、周年店庆等为主题的宴席。

(4)以娱乐、休闲为主题。如音乐会宴、歌舞表演宴、魔术表演宴、书法表演宴、健身美食宴、时装表演宴、影视开播宴等。

(5)以营养、养生类为主题。如药膳养生宴、菌菇长寿宴、美容养颜宴、绿色养生宴等。

(6)以原料、食品类为主题。如长江江鲜宴、金秋螃蟹宴、金陵全鸭宴、西安饺子宴、蒙古全羊宴、夏季果蔬宴等。

(7)以烹饪技法、炊餐具为主题。如韩国烧烤宴、铁板菜美食宴、精致火锅宴、煲仔菜系列宴等。

二、主题宴席的设计要求

现代餐饮企业管理者越来越意识到,主题宴席设计不能照抄照搬别人的做法,也不能凭感觉,拍脑袋,要确定标新立异的主题,要深入调查研究,应根据顾客要求、时令季节、人文风情、地方特色、时代风尚、消费趋势等因素,选定宴席的主题,收集整理相关资料,精心打造,精心设计,凸显出主题宴席的文化内涵与特色,这样才能赢得客源市场,受到最佳的效果,具体要求如下:

(一)要了解客人需求,投其所好

在设计主题宴席时,首先要深入调查研究,了解客人的需求及饮食欲望,确定主题宴席针对的消费群体,知道参加宴席大多数人的国籍、民族、宗教信仰、饮食嗜好和禁忌,掌握参加主题宴席人群的心理特征,投其所好,尽量满足他们的需求。

如有些客人借主题宴席的形式希望达到娱乐、聚集、享受宴席的良好氛围的目的,有些客人慕名而来,想品尝到独特的菜肴,享受美味佳肴给他们带来的愉悦,有些客人则出于名望的心理,显示地位,享受服务。同时还要掌握不同客人的消费心态,不同的消费心态有不同的要求。如有的客人注重宴席的气氛、规格、环境,以满足其社会地位方面的需求,针对消费群体的这种消费心理,更应在餐厅的环境布置、台面设计方面强调优雅舒适,菜品的制作上强调原料的档次与分量、菜品的精致与造型、盛装器皿的精美等,营造出尊贵华丽的氛围;有的客人注重经济实惠,讲究物有所值,针对这些客人,在菜品的设计上应注重菜品的数量和口味,菜品的结构与营养。所以主题宴席的菜单设计应深入分析消费者的心理需求,了解他们的嗜好和禁忌,才能设计出消费者满意的菜单。

(二)要突出主题特征,显示亮点

主题宴席的菜单设计必须突出主题和内涵,尤其在菜品的命名、组合、场地的布置、台面的设计等方面,富有文化气息,如以某地方风味为主题的宴席,应将该地方的风土人情、原料特产、烹饪技法、名菜名点,历史掌故等方面作较全面的介绍,使客人在享受美食的同时,了解到该地方风味的历史、饮食文化、风味特点和与其他菜系的不同之处,在设计中必须注重层次、突出主菜,显示一个地区、民族、饭店或名厨的菜品风格,创造出令人回味无穷的亮点,使整个主题宴席气氛热烈和谐。菜肴精美,富有创意,给客人带来美好的联想与回忆。

(三)要科学地组配菜肴,富有变化

主题宴席的菜单设计要注重菜肴品种的搭配,做冷菜、热菜、甜菜、点心等几大品种比重恰当,质量相称,避免冷菜档次过高、热菜档次偏低、大菜档次过高,其他菜档次太低;还要注重菜肴之间色、香、味、形的变化,尽量做到每个菜的烹调方法、颜色、口味、形状、质地均有所不同;更要注意荤素搭配,菜肴的酸碱平衡及数量的控制,整桌菜中不能只讲究荤菜及山珍海味的制作,还要注重素菜的制作及所占的比例,改变过去宴席中荤菜太多素菜太少的现象,造成人体营养、酸碱度失衡而产生疾病。在菜肴的数量上要加以控制,菜肴的品种不可过多而造成浪费,增加成本,一般情况下以每人平均消费 500 克左右的净料为原则,做到宴席菜肴品种多,而每份的菜品数量相对要少,否则宴席菜肴品种少,而每份菜品数量相对多一些。

(四)要善于开拓创新,突出个性

主题宴席的设计应深入调查研究,搜集各种信息,并根据本地区、本企业的经营特点,精心策划,不断开拓创新,设计出与众不同的主题宴席,如江苏某一饭店了解到顾客喜食有机、原生态、绿色食品的心愿,打造出以菌菇为主题的养生宴,策划者充分调查研究各种菌菇的产地、营养价值、烹调方法、生理功效、历史掌故等内容;通过各种媒体大力宣传,同时在餐厅的环境布置、台面设计、服务方式上富有特色,使得"菌菇养生主题宴"的策划别具一格,吸引了很多顾客来店消费,产生了很好社会效益和经济效益。事实说明,只要不断开拓创新,形成独特的风格,差异性越大,特色越突出,就能吸引更多的市场人气。但主题宴席的开拓创新不能局限于菜点上的创新,还可以从服务、环境、营销等方面创新,使主题宴席有个性、有特色、有水平。

(五)要注意食用价值,切忌形式

在策划主题宴席菜品时,在菜品的命名及制作上不可违背烹饪的基本规律,切忌只重形式,忽视市场,只图美观,忽视食用,尤其在设计古典、风景主题宴席菜品时,在盛器中放一些山水、花草、亭台阁楼、人物、动物等,这种只注重菜肴的点缀、装饰而使菜肴生熟不分,中看不中吃,给人一种华而不实之感;有些菜肴由于过分注重造型,使食客难以食用,不敢食用;有些菜肴一味追求修饰、奇特,甚至玩起文字游戏,给人一种牵强附会之感,削弱了主题宴席的特色,不能体现菜肴应有的价值。所以,主题宴席菜品设计应在注重食用的基础上,根据主题宴席的特点,在环境布置、广告宣传、台面设计、员工服饰、服务等方面作必要的调整,形成一种浓厚的主题宴席的文化氛围,使消费者在特有的主题宴会文化中,品尝到美味可口的佳肴,享受良好的服务和优美的环境,这样的主题宴席在运作中会自然取得圆满的成功。

第三节 主题宴席菜单设计的程序与方法

主题宴席菜单设计的程序与方法应根据主题宴席设计的特点、原则、类型及要求,精心策划,反复论证;不同类型的主题宴席内容虽然不同,但在设计的程序、方法及实施过程中有很多相同之处,具体应抓好如下几方面工作:

一、主题宴席菜单设计的程序

主题宴席菜单设计必须经过深入细致地调查研究、收集和掌握大量的餐饮营业上的信息,认真组织相关人员进行讨论分析、确定主题,制订设计方案等,具体设计程序如下:

(一)收集信息 拟定主题

在设计主题宴席之前,必须收集各种与餐饮经营相关的政策、信息及潮流,一是要了解到当今顾客饮食的需要,知道他们喜欢吃什么菜肴,是山珍海味,还是原生态的绿色食品;是西式菜肴,还是中式菜肴;二是要了解顾客的消费心理,是喜欢新、奇、特的菜肴,还是喜食一些传统的地方名菜名点;是喜欢高质量、优环境的餐饮消费,还是趋向中低档、价廉物美的菜肴消费等;三是要了解到本地区、本企业商业圈内的餐饮企业近期开展了哪些主题宴会活动,其收效如何,然后根据收集的信息,结合本企业的经营特点和水平、拟定举办哪一类的主题宴席,尽量不要与本地区商业圈同行企业策划的主题宴会类同，差异性越大，成功率就越高。

（二）深入研究 确定类型

经过深入调查研究后，组织餐饮部经理、厨师长、采购部经理及相关人员，对先前获取的信息进行认真的分析，并根据本企业的技术力量、设备设施、服务水平、原料供应情况等确定主题宴席的类型，如以风景、古典文化为主题，还是以当今饮食潮流为主题；是以西式风味为主题，还是以中式地方风味为主题等。无论是哪种类型，均要认真比较利弊关系，最终确定主题宴席名称，并富有创意。

（三）制定方案 分工负责

主题宴席的类型一旦确定，就要从主题宴席的文化包装、媒体的宣传、技术人员的聘请、原材料的采购、内部职工的分工、成本与利润的预算等，制作详细的实施方案，如主题宴席菜单与菜品设计必须突出文化内涵，媒体宣传是否在电台、报刊、网站等做报道，所需原料、采购的品种、数量、质量、到达时间都要详细说明，菜肴制作、培训、质量要求、餐厅环境布置等环节都要做到责任到人，分工明确，形成具体的实施方案，认真贯彻执行。

（四）加强管理 确保质量

在贯彻实施主题宴席方案过程中，各部门要紧密配合，相互协作，并根据宾客的需求、酒店的设备设施、技术力量、服务条件等，围绕主题宴席特点，在宴席厅的场景布置、台型、台面的设计、菜单的制定、菜品的制作、服务程序及标准的制定、对外宣传促销等方面进行统筹规划。要将详细的实施性文件发至相关部门，贯彻执行，适时对各部门工作进行检查督促，发现问题及时纠正，确保主题宴席在工作中万无一失，保证质量，达到设计的理想效果。

二、主题宴席菜单设计的方法

主题宴席菜单设计其菜品的结构、比例与一般宴席基本相似，但菜品的内容、特色必须紧扣宴席主题，突出主题宴席的文化内涵。现以主题宴席"南京民国风味宴"为例，具体阐述主题宴席菜肴设计方法。

南京某一酒店依托原民都南京为历史背景，打造出"南京民国风味主题宴"，深受消费者青睐。

（一）彰显宴席文化特色

民国期间南京作为政治、经济、文化中心，集聚东西南北各方贤达、商贾，形成各种餐饮文化，并汲取了各菜系、帮口菜肴精华，融汇了海外佳肴特色，呈现出民都南京（1912—1949年）特定的时段下的饮食特征。设计者从餐厅布置、台面设计、菜单制定、服务员的服饰等均彰显民国文化特色，如餐厅布置以蓝色为基调，墙上挂上复制的民国期间各种建筑、名人照片，餐厅内摆上留声机、黄包车等物品，台面设计运用雕塑及面塑琢制各种民国摆件,服务员的工作服女的着旗袍,男的着中山装,使民国风情特色意蕴悠远,整体凸显出民国文化内涵和意境。

(二)体现菜肴组配精华

设计者收集研究大量的历史资料,了解到南京民国期间一些贤达、商贾、各界名流在当时南京主要餐馆举宴饮食情况,获悉到当时南京菜讲究食材运用、注重刀工、切配、火候、调味,汇集南北、中西口味,菜品荤素搭配,口味注重滋味多变,趋向清淡、少油,色彩上强调自然本色,浓淡协调而相宜,烹调技法采用炒、烧、熘、炸、炖、焖、煨等多种方法,菜品可分可合,造型新颖,装盘考究,强调菜品营养、清淡、保健、养生的健康理念。通过合理的组配,将菜品的食用性、技术性与艺术性有机完美地结合,彰显出南京民国风味宴之风格。

(三)践行菜单设计技巧

主题宴席菜单设计应根据不同的主题宴席的文化内涵和风格设计,不可一概而论。如南京民国风味宴,设计者根据当时的历史、掌故和现状,在环境菜品的结构、组配、出菜程序上,尽可能恢复原貌,但在原料的运用、菜品的选定、烹调方法等方面应根据各地区、各企业的经营现状及饮食者的需求做一些调整。

表 9-1　南京民国风味宴菜单

四干果			
挂霜核桃	葡萄干	炸花生米	酸梅
艺术冷盘			
金陵春色			
八围碟			
盐水鸭	五香熏鱼	葱油海蜇	油爆大虾
糖醋萝卜	咖喱冬笋	芝麻菠菜	香卤冬菇
热菜			
大虾两吃	扒烧海参	金陵烧鸭	少帅烧肉
麒麟鳜鱼	孔氏四素	砂锅菜核	逸仙菌汤
甜菜			
冰糖湘莲			
点心			
萝卜酥饼	枣泥拉糕		
水果			
时令果拼			

上述菜单设计,尽量做到所用原料不同,烹调方法不同,菜肴色泽、口味、质地等方面不同,并做到每个菜均有掌故及出处,展示了南京民国期间宴席菜单的结构及概况,使消费者在饮食过程中,享受美食的同时,产生时空的想象,深得消费者欢迎。

　　当然不同的主题宴席有不同的文化内涵,我们必须紧扣主题,挖掘其文化,突出个性,形成独特的风格,才能产生意想不到的效果。

（四）主题宴席菜单设计中注意事项

1.注意菜点结构比例

　　主题宴席菜点的结构比例合适与否,直接关系到宴席举办成败,我们必须遵循"质价相称,按质论价"的原则,防止宴席菜单结构比例失调,出现冷菜、热菜、点心等菜品"头重脚轻"或"脚重头轻"。尽管每组菜品的品质与成本不可能平均分配,但在菜肴的用料或质量上好差悬殊不宜太大,要相辅相成,给饮食者以整体完美之感。

2.注重核心菜点打造

　　所谓"核心菜点",就是整桌主题宴席中的主要菜点。一般来讲,整桌宴席的头菜或大菜属主菜,又称"主题歌",冷菜属"脸面菜",又称"序曲",点心属配角又称"伴奏",整个宴席菜品结构犹如美妙的乐章,节奏是否动听优美,主要看主菜的档次、烹调水平如何,所以,一桌主题宴席必须先打造好主要菜点,从原料的运用、烹调方法、口味质地、造型艺术等均要高于其他菜品,使消费者一开始留下很好的印象,感到主题宴席物有所值,给客人留下美好的回忆。当然,核心菜点一经确定,其他菜点也要相应的配套,只有这样,才能得到食客认可。

3.注重必要菜点选择

　　主题宴席确定后,除掌握菜单设计的原则和要求以外,还要根据主题宴席的特色选择与主题宴席相适应的菜点,一要考虑主宾的合理要求,凡是可能做到的,都要首先安排主宾所需要的菜点;二要顺应当地的饮食习惯,地方风情,将当地富有特色菜点尽量安排在菜单中,显示地方特色;三要尽量把本企业的名菜、名小吃、名点安排在菜单中,展示企业的风貌;四要考虑多用时令原料、特色原料,突出季节特征;五要考虑最能显现主题宴席的菜点,以展示主题宴席的文化特色。总之,主题宴席菜单设计必须掌握菜单的设计方法,准确控制好菜品的数量和质量,科学排列上菜顺序,做到这些,主题宴席菜单设计工作一定会收到很好的效果。

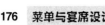

本章小结

本章全面地介绍了主题宴席菜单设计的特点、原则、类型及要求,较详细地叙述了在设计主题宴席中应掌握的程序、方法及注意事项,并以实例加以说明,通过教学,使学生较好地掌握设计主题宴席的方法及技巧。

【思考与练习】

一、职业能力应知题

1.分述主题宴席设计的特点与原则有哪些?

2.常见的主题宴席可分为哪几类?举例说明。

3.主题宴席设计有哪些要求?

4.主题宴席设计的程序是怎样的?

5.设计主题宴席时应注意哪些事项?并举例说明。

二、职业能力应用题

试设计以地方风味等类型为主题的宴席菜单,具体要求如下:

(1)写明主题宴席设计的背景、理念及特色。

(2)根据主题宴席设计的原则和要求,试设计菜单一份,其规定是:

　①人数:10 人。

　②季节:夏季。

　③价格:每人 200 元(酒水除外)。

　④规格:8 个冷蝶,7 菜 1 汤(包括甜菜 1 道,蔬菜 2 道),2 道点心,1 道水果拼盘。

　⑤销售毛利率 55%,调料占总成本的 10%。

(3)求主配料总成本是多少。

(4)写明每道菜点的主、配料成本,数量、烹调方法及口味。

(5)菜单编排按出菜顺序排列。

第 *10* 章
菜 品 定 价

学习目标

- ● 熟悉菜品定价的依据
- ● 熟悉影响菜品定价的因素
- ● 掌握菜品定价的原则
- ● 了解常见的菜品定价方法
- ● 学会菜品的定价策略

在餐饮经营活动中,菜单所列菜品的价格对于经营者和消费者来说,都是极为重要的。对于消费者来说,他们追求的是物有所值;对于经营者来说,菜品的价格直接影响顾客的购买行为和客源,对餐饮企业的经营效益有非常深远的影响。定价是菜单设计的重要环节,也是餐饮销售管理的核心内容。本章将详细介绍其定价原则、价格策略以及常见的定价方法等。

第一节　菜品价格的构成

菜品的定价是以经营利润为目标的。在确定菜品的价格之前,应对菜品价格的组成内容充分了解。一道菜的价格,通常由原材料成本、经营税金、经营利润和经营生产费用四个项目构成。

一、原材料成本

原材料成本是指制作菜品所耗费的主料成本、配料成本以及调料成本之和。

原材料成本占菜品总成本的比例很大,一般约占所有成本的40%。一般来说,在同一餐厅中,零点菜品的成本率低于套菜菜品、自助餐菜品和火锅菜品等的成本率;特色菜、宴会套餐菜的成本率要低于零点菜产品成本率。掌握餐饮产品中原材料的成本占售价中的比例,是菜单产品定价的最主要的基础之一。

二、经营生产费用

所谓经营生产费用就是经营一家餐厅所需的一切费用,通常包括:

(1)人事费:包括员工工资、员工福利、员工服装以及员工工作餐等。

(2)折旧费:包括一切资产设备的折旧费。

(3)维修费:指保养及维修一切设备所用的材料和费用。

(4)水电费:包括一切自来水费和电费。

(5)燃料费:指餐厅使用的煤气或其他燃料的费用。

(6)洗涤费:指餐厅对于餐巾桌布及员工服装送洗所支出的费用。

(7)广告推销费:指为了推销餐厅饮食产品所支出的费用。

(8)办公用品:指日常办公所需的用品支出。

(9)损耗费:餐厅为了经营需要购买的各式碗盘、杯子、匙筷及其他器皿的损耗费。

(10)财务费用:包括银行费用及贷款利息。

(11)其他杂项支出:如邮费、公关费、交通费、书报费及不可预见的费用等。

三、经营税金

餐饮产品的定价除了考虑烹饪原材料的成本和各种生产费用之外,还要考虑企业应承担的各种税金。主要税金有如下几项:

(1)增值税:从 2016 年 5 月 1 日起,餐饮企业原缴纳营业税的应税项目改为缴纳增值税,增值税就是对于产品或者服务的增值部分的税,一般按餐饮增值部分的6%征收。

(2)所得税:按企业经营利润总额扣除项目的金额后按一定税率征收。现在大多数规模较大的企业的所得税率为25%~33%。

(3)房产税:按房屋原价值的一定百分比征收,我国一般按房屋原价的 12‰征收。

(4)城市维护建设税:按应纳营业税的7%征收。

(5)教育费附加税。

(6)印花税。

(7)牌照税。

因此,餐饮企业投资者为了获得一定的投资回报,在对菜单定价时,总会将各种营业税金考虑在内。

四、经营利润

餐饮企业无不谋求经营利润的最大化。利润的简单公式为:

利润＝售价−（原材料成本＋税金＋营业费用）

理论上,售价定得越高,餐饮企业获得的利润越高。但是,实际上并非菜品定价高,企业就能获得高额利润。在定价时,餐饮企业还要充分考虑顾客对产品价格的认可度、产品的竞争情况,以及其他各种因素。只有平衡了这些因素,科学合理地确定价格,才有可能获得相当的利润。

第二节 影响菜品定价的因素

在市场经济条件下,餐饮企业为了使本企业在竞争中立于不败之地,对餐饮产品定价之前要充分考察市场,仔细研究影响定价的各方面因素。

一、成本和费用因素

成本和费用是确定菜品价格的两个重要因素,它对菜品价格是否具有竞争力有着直接的影响,而这种影响又是由成本和费用的自身特点决定的。

成本和费用具有两个特点:一是固定成本低,而变动成本高;二是不可控成本低,而可控成本高。固定成本是指随着产品销售数量的变动,而其总量不变的成本,如折旧费、修理费,以及一定时期的人工费等。变动成本是指总额随着产品销售数量的增加而呈正比例递增的成本,如原材料成本、水电费、燃料费、办公用品等。可控成本是指企业可以控制的成本,即企业可以对产品生产过程中的采购、验收、储存、发料、加工、烹饪和销售各个环节加以严格控制,设法减少各种浪费,从而降低经营成本。不可控成本是指不可控制的成本,即各种税金及经营费用中的折旧费等,这些是餐饮企业无法控制的成本。因此,管理人员要密切关注市场动态,研究影响成本和费用的因素,特别是变动的因素,如季节和气候、物价指数和通货膨胀、就餐者的口味等。

为了使菜品价格更具有竞争力,餐饮经营者必须努力探索降低成本和费用的途径,加强餐饮经营的各个环节的管理,通过严密的控制方针来减少支出,积极研究市场供需情况,平衡与顾客接受程度之间的关系,制定极具竞争力的售价,最终为企业赢得效益。

二、同行业竞争因素

餐饮企业需要投资的资本可大可小,餐饮产品科技含量不高,可模仿性及可替代性强等决定了餐饮业的市场竞争非常激烈。因此,餐饮经营者必须分析餐厅产品的竞争优势,研究产品所处的地位,采取合适的价格策略,才能使自己的产品有竞争力,并在同行业当中立于不败之地。

餐饮业的竞争可分为完全竞争和不完全竞争两种。完全竞争是经济学家认为最理想的市场竞争,它具有买卖双方人数众多、市场资讯来源充足、不受任何因素的阻碍和干扰的特点,是一种完全自由的竞争,因而企业不能完全控制价格,产品价格高于市场价格就会被顾客淘汰,低于市场价格企业就会无法生存。然而,这种理想的竞争市场几乎不存在。餐饮产品多数处于不完全竞争状态当中,因此,经营者在制定价格策略之前,必须先了解其他竞争者的产品定价和本企业产品所处的地位,针对市场情况,采取相应的价格策略,适时地稳定或调整产品价格,才能抓住老客户,争取新客源。

三、顾客心理因素

餐饮产品只有被顾客接受并消费之后,餐饮企业才能获得利润。因此,仅考虑成本和费用的因素以及同行业竞争的因素来给产品定价还不够,这样定出的价格不一定能被顾客接受。餐饮产品的定价还要考虑顾客的心理因素。

(一)要考虑顾客对产品的支付能力

不同客人对餐饮产品的支付能力有所不同。收入高的顾客支付能力强些,而经济条件较差的顾客支付能力自然也就弱些。因此,经营者应制定相应的价格策略来迎合不同类型客人的需要。

(二)要考虑顾客对菜品价值的认可程度

餐饮企业提供的各项菜品、设施及服务,能否被消费者接受,是餐饮经营者最关心的问题。顾客并不会因为生产餐饮产品所耗费的成本和费用高就认为它的价格应该高,他们所关心的是物有所值。这种对餐饮产品的认可是一种综合感受,它包括对食品饮料的品质、服务人员的服务态度、就餐环境等的感受。当然,如果餐厅提供的菜品是由于餐厅在制作菜肴时用料昂贵、浪费多、烹调工艺差等原因造成成本和费用增高,顾客自然不愿为这种菜品支付较高的费用。

(三)要考虑顾客的就餐目的

同一客人由于就餐目的不同,对于餐饮产品愿意支付的价格也各不相同。常见的就餐动机有饱腹、品味、宴请等,其中,对于以饱腹为目的的就餐活动,其产品价格应低些,因为这类客人往往因工作、上学、赶路或其他因素而外出用餐,他们追求经济实惠、方便快捷;而对于以品味或宴请为目的的就餐活动,其产品价格可以适当高些,因为这类顾客是为了享受家里没有的环境、服务和特色菜肴,心理早有准备,愿意支付较高的费用。

四、其他因素

餐饮产品的价格政策与其他产品一样,都要受到社会上各种不可控制因素的影响而产生或多或少的变化。社会上的不可控制因素有政治因素、经济因素、餐饮行业的主管部门对餐饮产品的限价、通货膨胀率的高低以及其他不可预料的因素。比如,为同时保障经营者与消费者的利益,餐饮业的相关团体会规定菜单产品的最高赢利率和最低赢利率。又如,前几年的东南亚金融风暴,以及 2003 年的"非典"的暴发,使餐饮业受到不小的影响,餐厅商务宴请明显减少,各个餐饮企业的餐饮的价格都随之作了调整。顾客对价格的接受程度和要求,也是影响餐饮产品价格的因素,如顾客外出用餐的频率、顾客用餐的方式等,也是餐饮经营者应研究的内容。

总之,餐饮管理人员应当充分考虑顾客对产品价值的认可程度,考虑他们对产品的支付能力,以及就餐者的就餐目的等因素对价格的影响,方能合理定价。

第三节　菜品定价原则

一、按质论价

餐饮产品由于原料多样、加工方法各不相同、品种繁多,产品质量的差别比较大。餐饮产品的质量既包括产品自身的质量,又包括餐厅环境、设备设施条件和服务质量。创造这些条件的各种劳动消耗都是构成产品价格的重要因素,其本身也存在着较大的差别,为此,餐饮产品的价格必须坚持按质论价的原则。

按质论价的原则就是对优质产品、优等设施、优良的就餐环境和优质服务制定出较高水平的价格,以获得较高的经营利润。否则,定高价会适得其反。

二、适应市场

(一)既要反映产品的价值,还要反映市场的供求关系

对于大多数客人而言,他们希望餐厅的菜品能够经济实惠,符合他们的消费能力。而对于消费档次高的客人来说,他们追求的是高档的物质享受和精神享受,因此,高档餐厅的菜品价格可以定得高些。此外,餐饮产品的价格受原材料进货成本的影响较大,高档风味菜品、特色菜品、时令产品等,或原料进价成本高,或菜品加工工艺复杂,故而其价格就应定得高些;相反,那些大众菜品、非时令菜肴等,其原材料成本较低,加工工艺也较简单,其价格则应定得低一些。总之,菜品的定价要能反映菜品的价值。

餐饮企业还必须根据餐厅的目标顾客、饭店档次以及餐厅的实际条件进行市场细分,按照高、中、低档的等级市场,分别设计不同的产品、价格、服务,使餐饮产品的供给随市场需求的变化而变化,价格因不同客人的需求而调整。

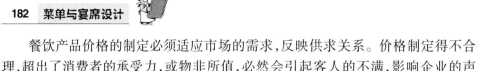

　　餐饮产品价格的制定必须适应市场的需求,反映供求关系。价格制定得不合理,超出了消费者的承受力,或物非所值,必然会引起客人的不满,影响企业的声誉,从而减少菜品的销售量。

(二)既要相对稳定,又要灵活多变

　　餐饮产品的定价要有相对的稳定性,菜品价格变动过于频繁,会给消费者带来心理上的压力和不稳定感,甚至会挫伤消费者的购买积极性。因此,即使有调价的必要,变动幅度也不宜太大,一般不宜超过 10%。

　　当然,菜品价格要稳定并非说菜肴价格可以长期固定不变,需要根据供求关系的变化而做相应的调整,要具有一定的灵活性。比如,对于一些季节性较强的菜肴,当原材料价格降下来的时候,其价格就应该下调;而对于一些以优惠价的形式特别推销的产品,在推行了一段时间后,也应根据市场情况做适当调整,以提高经济效益。

三、利于竞争

　　价格是调节市场供求关系的经济杠杆,也是参与市场竞争的有力武器。随着餐饮市场的发展变化,市场竞争越来越激烈,餐厅为了广泛招揽顾客,扩大产品销售,就要善于进行自我调节,利用价格手段开展市场竞争。在竞争中,根据同等企业、同等类型的餐饮产品的毛利和价格水平,以企业自身的竞争能力为基础,参照周围地区竞争对手的价格水平,使价格随着市场供求关系和竞争对手价格策略的变化而变化,使菜品价格具有自我调节的功能。也就是说,菜品的定价要考虑同行业竞争的因素,不能脱离市场孤立定价,要根据同行业的价格策略和市场供求情况,制定出有很强竞争力的价格。

四、保证利润

　　餐饮企业进行的任何经营活动,最终的目的就是为了获得较好的经济效益和社会效益,因此,菜品的定价还应遵循保证利润的原则。最大限度地追求利润是所有餐饮经营者经营的目标,没有利润的经营活动是没有人去做的。菜品的定价是餐饮经营活动的一项重要内容,必须综合考虑各种因素,采取科学的定价策略合理定价,但最终定出的价格必须要能给企业带来利润。

五、服从政策

　　菜品的定价还必须服从国家的价格政策,接受物价部门的指导,在国家政策规定的范围内确定餐厅的毛利率。必须贯彻按质论价、分等论价的原则,以合理的成本、费用和税金加合理的利润制定出菜品价格。任何以次充好、价高物差等违背市

场规律的餐饮经营活动,必将受到价值规律的惩罚;任何违背国家价格政策的餐饮经营者,也必将受到国家法律法规的制裁。

第四节　常见的菜品定价方法

根据餐饮企业各自的特点和经营思路,菜品的定价方法应由经营者根据市场情况而定。餐饮业中常见的菜品定价方法有六种。

一、毛利率定价法

餐饮产品的毛利率是产品毛利与销售价格或毛利与成本之间的比率。

餐饮产品的毛利率分为内扣毛利率和外加毛利率两种。

内扣毛利率是毛利与销售价格的百分比,又称为销售毛利率,计算公式为:

$$内扣毛利率 = 毛利 \div 销售价格 \times 100\%$$

外加毛利率是毛利与原料成本的百分比,又称为成本毛利率,计算公式为:

$$外加毛利率 = 毛利 \div 原料成本 \times 100\%$$

这里的原料成本是指组成菜品的主料、配料和调料的成本之和。

由于毛利率有内扣毛利率(销售毛利率)和外加毛利率(成本毛利率)之分,因此毛利率定价法又可分为两种:

(一)内扣毛利率法

内扣毛利率法又称销售毛利率法,它是在核定单位产品成本的基础上,根据产品的品种,参照分类毛利率标准来确定菜品的价格。该方法是餐饮企业通用的定价方法。计算公式为:

$$销售价格 = 原料成本 \div (1 - 内扣毛利率)$$

例:制作一份鱼香肉丝,用去鲜里脊肉 300 克,价值 12.00 元;冬笋 100 克,价值 3.00 元;各种调料价值 2.00 元,内扣毛利率为 50%,则该菜肴的售价为:

$$
\begin{aligned}
销售价格 &= 原料成本 \div (1 - 内扣毛利率) \\
&= (12+3+2) \div (1-50\%) \\
&= 34.00(元)
\end{aligned}
$$

(二)外加毛利率法

外加毛利率法又称成本毛利率法,它是以产品的成本为基数,按规定的外加毛利率计算菜品的价格的方法。计算公式为:

$$销售价格 = 原料成本 \times (1 + 外加毛利率)$$

例：仍以鱼香肉丝为例，原料成本不变，外加毛利率为 100%，则其销售价格为：

$$销售价格 = 原料成本 \times (1 + 外加毛利率)$$
$$= 17.00 \times (1 + 100\%)$$
$$= 34.00(元)$$

内扣毛利率定价法和外加毛利率定价法各有利弊，但目前国内的大多数饭店基本上都采用内扣毛利率定价法，因为财务核算中，许多计算内容都是以销售价格为基础，如费用率、利润率等，与内扣毛利率的计算方法一致，这有利于财务核算和分析。而外加毛利率定价法在计算上则比较简单，两者是可以换算的，换算公式为：

$$内扣毛利率 = 外加毛利率 \div (1 + 外加毛利率)$$
$$外加毛利率 = 内扣毛利率 \div (1 - 内扣毛利率)$$

二、主要成本率定价法

主要成本率定价法是以成本为基础的定价方法，它是餐饮企业运用最广泛的定价方法，在具体使用中又可分为很多种，如成本系数定价法、毛利加合定价法、主要成本率定价法等。这里仅介绍主要成本率定价法。

许多餐厅人工费用在菜品的总费用中占有较大的比例，而各种菜肴原材料成本也占较大比例，因而，在定价时以人工费用和原材料成本作为主要成本来计算价格。主要成本率定价法就是一种以成本为中心的定价方法，定价时把烹饪原材料成本和直接人工成本作为依据，结合利润率等其他因素，综合进行计算。

计算公式为：

$$销售价格 = (烹饪原材料成本 + 直接人工成本) \div 主要成本率$$
$$主要成本率 = 1 - (非原材料和直接人工成本率 + 利润率)$$

例：制作一份糖醋排骨耗去原材料成本 18.40 元，直接人工成本 3.60 元，从财务"损益表"中查得非原材料成本和直接人工成本率与利润率之和为 50%，则此份糖醋排骨的销售价格为：

$$销售价格 = (烹饪原材料成本 + 直接人工成本) \div 主要成本率$$
$$= (18.40 + 3.60) \div (1 - 50\%)$$
$$= 44.00(元)$$

采用主要成本率定价法定价时,要充分考虑到餐厅较高的人工成本率这一因素,将人工成本直接列入定价范畴进行全面核算。这从另一个侧面反映了降低劳动力成本的重要性。人工成本越低,菜肴价格越趋于合理,餐饮经营的竞争力也就越强。

三、随行就市定价法

随行就市定价法是一种根据市场的变化而定价的方法。定价时一般以同行业竞争对手的价格为依据。但在使用此方法进行定价时,必须选择成功的范例,即以竞争对手的成功菜品为依据。

随行就市定价法还适用于季节性产品的定价。烹饪原料中,有些原料的季节性很强,如长江中的刀鱼,清明前最肥美,甲鱼以油菜花开的时候最优质,金秋的大闸蟹最诱人。由于这些原料质量上乘,以其做出的菜肴的价格自然比其他季节的要高出很多。另外,饭店为了吸引顾客、刺激消费,还会在不同的营业时间推出不同的销售价格,如双休日特价、"五一"节酬宾价等。

四、消费心理定价法

它是指利用消费者对数字的敏感程度以及消费心理来制定菜品价格的方法。消费者往往对菜肴的价格具有一定的倾向性,对食品价格的变动具有敏感性,对某一类食物的价格具有习惯性。因此,针对顾客的消费心理来定价确实能达到良好的效果,使餐饮产品销售数量大幅度提高。下面介绍一般餐厅常用的三种消费心理定价法。

(一)整数定价法

整数定价法常被一些高档餐厅所采用,对于较贵的菜品,常以整数定价,如800元比799元显得更为体面和气派,符合人们求面子、讲排场的消费心理。一方面,购买高档菜品的顾客对价格的敏感度较低,对于零星的尾数差额不太在意;另一方面,整数定价方便饭店的财务管理,整数定价法因为定价为一个完整的数目,方便收银人员的收付与管理。

(二)尾数定价法

带有尾数的定价往往会给客人一种印象,就是餐厅对于菜单价格必定是经过非常谨慎认真地计算而得来的,不会有上当的感觉。这种方法适用于经济型餐厅或追求实惠的顾客。带有尾数的价格感觉比整数价格便宜,例如18.80元的菜肴总会比19.00元的菜肴容易被人接受,更令人心动。

(三)吉祥数字定价法

中国人凡事追求吉祥如意,为了迎合顾客的这种心理,可选用吉祥数字的谐音来给菜单定价。例如在菜单的价格中,选择带有"6""8""9"的数字等。

五、毛利加合定价法

毛利加合定价法是在菜品的成本额上加一定的毛利作为售价。这种方法计算起来十分简单。毛利额的计算可根据往年的经营统计数据预测而得:

毛利额=(预测营业总收入-原料成本总额)÷预测菜品的销售份数

例:某餐厅计划全年销售额为750万元,原料成本总额为337万元,预计全年销售菜品为100万份,则平均每份菜应加合的毛利为:

$$毛利额=(750-337)÷100$$
$$=4.13(元)$$

该方法的优点是重视每份菜的毛利额,而不是毛利率,因为决定餐厅经营利润的是每份菜的毛利额。这样,原料成本高的菜品定价不会过高,便于推销高价菜,原料成本额低的菜品定价不会太低,餐厅不易亏损。但这种定价方法会使菜品成本高的菜肴价格偏低,而菜品成本低的菜肴价格过高。如果餐厅对该两种菜品加合不同量的毛利额,可克服上述缺点。

六、综合分析定价法

综合分析定价法,即对本、利、量综合分析加价法,它是对菜肴的成本、销售量和赢利能力等因素综合分析后进行定价的一种分类加价定价方法。其基本出发点是各类菜肴的赢利能力不仅应根据其成本高低,而且还必须根据其销售量的大小来确定。其方法是首先根据成本和销售量将菜单上的菜肴进行分类,然后确定每类菜肴的加价率,再计算出各式菜肴的销售价格。

菜肴定价的分类方法很多,根据销售和成本进行分类,可分为四类,即:高销售量、高成本菜肴;高销售量、低成本菜肴;低销售量、高成本菜肴;低销售量、低成本菜肴;不难看出,上述四类菜肴中,高销售量低成本菜肴最能使餐厅盈利。当然,在实际经营中,这四类菜肴都有,因此,在考虑加价率时,就必须根据市场的需求情况和经营经验来决定。一般高成本的菜肴加价率较低,销售量大的菜肴也应适当降低其加价率,而成本较低的菜肴可以适当提高其加价率。在本、利、量综合分析加价法中,由于不同类的菜肴使用不同的加价率,因而各类菜肴的利润率也不一样。

采用本、利、量综合分析加价法是综合分析客人的需求和餐厅成本、利润之间的关系,并根据成本越大,毛利量也应该越大,销售量越大,毛利量可能越小这一原理进行定价的。在进行具体的菜肴定价时,应事先确定适当的加价率,然后确定用于计算其销售价格的菜品成本率。计算公式为：

$$菜肴成本率 = 1 - (营业费用率 + 菜肴加价率)$$
$$销售价格 = 食品成本 \div 食品成本率$$

其中,营业费用率是指预算期内营业费用总额占营业收入总额的比率。这里的营业费用为其他营业生产费用和人工成本的总和,包括能源、设备、餐具用品、洗涤、维修、税金、保险费和员工工资、福利、奖金等。

例：某餐厅在预算期内的营业费用率为 50%,餐厅所销售的清炒鱼片的标准成本为 10.48 元,加价率为 20%,则其销售价格为：

$$食品的成本率 = 1 - (50\% + 20\%)$$
$$= 30\%$$
$$销售价格 = 10.48 \div 30\%$$
$$= 34.90(元)$$

采用本、利、量综合分析加价法进行定价是建立在充分的市场调查的基础上的,定价较为合理,且每道菜的盈利能力可以一目了然。并且,由于各类菜肴的加价率考虑了不同菜肴的销售量,因而其销售价格基本适应市场的需求。

第五节 菜品定价策略

定价策略对于所有企业的经营来说,都是非常重要的。不懂得定价就不懂得经营。制定科学的定价策略是实现企业盈利的关键。

一、以成本为基础的定价策略

这种定价策略是依据食品、酒水等的成本来制定销售策略的。常用的方法有成本加成定价法和目标收益率定价法。

成本加成定价法是将成本再加上一定的百分比来定价,不同的餐厅采取不同的百分比;目标收益率定价法是先制定一个目标收益率,根据目标收益率计算出目标利润率,再得出目标利润额,当销售量达到预计的数目时便能实现预定的收益目标。

二、以需求为基础的定价策略

这种定价策略是根据消费者对餐饮产品价值的需求程度和认知水准来确定售价的。常用的有主观印象定价法和需求差异定价法。

主观印象定价法是依据就餐客人对餐厅提供的各种服务所产生的整体印象，制定出符合消费者价值观的定价方法。这类客人仅注重餐饮产品的质量、服务员的服务态度以及广告推销等非价格因素，而对价格因素却不太在意；需求差异定价法是餐厅依照不同类型的客人、消费水准、时间，以及不同的用餐方式来定价。

三、餐饮新产品的定价策略

对于新开张的餐厅或新开发的菜系、菜品，在制定菜单的价格时，往往采取市场暴利价格、市场渗透价格或短期优惠价格等策略。

（一）市场暴利价格策略

有些餐厅开发出新产品后，将新产品的价格定得很高，以牟取暴利。而当其他餐厅也推出同样的产品，加入竞争的行列时，该餐厅才会降低价格以保证正常的经营。

（二）市场渗透价格策略

有些餐饮企业自新产品一开发就将产品的价格定得很低。目的是使新产品迅速被消费者接受，企业能迅速打开和扩大市场，尽早在市场上取得领先地位，并长期吸引现有的消费群体，有效地防止竞争者挤入市场，保证自身长期占领市场的优势。

（三）短期优惠价格策略

许多餐饮企业在新开张期间或开发新产品时，为了使产品能迅速打入市场，暂时将价格压低，先入为主，吸引顾客来消费。但是，一旦过了优惠期，便将菜品价格恢复正常。

四、餐饮折扣的优惠策略

餐饮业常运用价格折扣等优惠政策推销自己的产品。常见的方法有累积次数优惠法、团体用餐优惠法，以及清淡时段优惠法等。

（一）累积次数优惠法

这是餐厅为鼓励顾客前往餐厅消费的一种策略，对于常客进行价格上的优惠，光临的次数越多，得到的实惠就越多。折扣率的大小取决于客人光顾餐厅的次数和消费水平的高低。

（二）团体用餐优惠法

为了促进销售，餐饮业常常对大批量就餐的客人进行价格优惠，以鼓励诸如一些大的公司和旅游团队的客人来店消费。会议和团队的用餐，通常以每人包价的形式进行收费，有时不仅价格较优惠，同时还会免陪同餐费，如满 12 人用餐免 1 人餐费等。

（三）清淡时段优惠法

为了鼓励清淡时段客人前来就餐,餐厅将给予特别的价格优惠。如有的餐厅规定,在下午 2:00 至下午 5:00 之间就餐的客人,其餐费打八八折。

五、以竞争为中心的定价策略

现代的餐饮业竞争非常激烈,各餐饮企业在制定菜单价格时,往往以竞争对手的售价为定价的依据。但若想定出合理的符合本企业实际情况的价格,餐厅经营者必须深入消费市场,充分分析竞争对手的情况,这样才能制定出切实可行的价格。此价格可以高于竞争对手的价格,也可以低于竞争对手的价格。

本章小结

本章着重阐述了进行菜品定价时所涉及的菜品价格的组成、定价的依据,以及影响定价的因素;重点介绍了定价的原则,以及如何灵活运用各种定价方法进行定价,并讲述了在实际经营过程中如何运用各种技巧给菜品定价,最终使企业获益。

【思考与练习】

一、职业能力应知题

1. 影响菜品定价的因素有哪些? 试举例说明。
2. 菜肴的售价主要由哪几部分构成?
3. 什么叫毛利? 什么叫烹饪原材料成本?
4. 经营的生产费用包括哪些内容?
5. 什么叫增值税、所得税? 国家规定征收的税率分别是多少?
6. 影响菜品定价的因素有哪些?
7. 餐饮产品的定价在考虑顾客心理因素时应注意哪些问题?
8. 菜品定价时应遵循哪些原则?
9. 什么叫毛利率定价法? 其计算公式是什么?

二、职业能力应用题

1. 菜肴定价的分类方法很多,根据销售成本进行分类可分为哪几类? 其中,哪一类的菜肴最能给餐厅带来利润? 为什么?

2. 菜品常见的定价策略有哪些?

3. 制作一份家常豆腐,需用豆腐 300 克,价值 2.00 元;猪肉 65 克,价值2.50元;木耳和冬笋,价值 1.50 元;各种调味品价值 1.00 元,内扣毛利率为50%,求该菜肴的售价为多少元?

4. 某饭店餐厅计划全年销售额为 280 万元,原料成本(约占 50%)总额为 140万元,预计全年销售某菜品 60 万份,则平均每份菜应加毛利为多少?

5. 某饭店商务宴席每桌售价 1500.00 元(酒水除外),销售毛利率 55%,调味成本占总成本的11%,求该桌主、配料成本共多少元?

6. 某酒店自助餐宴席共收入 15 000.00 元,用去主料、配料、调味品成本7000.00元,求该酒店销售毛利率与成本毛利率各是多少?

第 *11* 章

菜单与宴席设计改革和创新

学习目标

- 了解菜单与宴席设计改革的意义
- 掌握菜单与宴席设计改革的内容
- 了解菜单与宴席设计的创新要求
- 掌握菜单与宴席设计创新的思路和方法

经过历代烹饪工作者的努力,宴席菜单设计已形成了具有中国特色的饮食文化,菜单与宴席设计的构成、餐饮环境的布置及饮食礼遇等均蕴藏着极其丰富的文化内涵。菜单与宴席设计在历史发展的长河中也不免存在一些历史局限和糟粕,如通过宴席斗富、铺张浪费、喜食珍奇、烹制菜肴时故弄玄虚、忽视营养健康以及不雅的宴席规定等。随着现代社会人们饮食观点的不断发展,需要对菜单与宴席加以合理的变化和改革,使菜单与宴席设计更加适应时代发展的要求。

第一节 菜单与宴席设计改革的意义

随着社会不断发展和进步,餐饮业对中国传统的菜单与宴席进行改革势在必行,我们要充分认识我国源远流长的传统宴席的优点及存在的问题。主要表现在如下几方面:

1.菜单与宴席中菜品数量多

在设计宴席菜单菜品时,注重选用名贵山珍海味,菜品以动物性烹饪原料为主,只是配以少量的名蔬佳果。菜品道数繁多,造成客人宴席剩余菜品多,浪费大,需要进行合理的改革减少菜品的道数。

2.烹饪制作工艺精湛

酒店厨房在制作宴席菜单的菜品时,十分注重菜品的火候掌握和富于变化的调味技巧。同时,注重菜品色、香、味、形、质量的配合变化,菜品制作过程讲究。

3.讲究地方饮食文化

中国菜单与宴席体现了饮食文化内涵,食用与艺术相结合,寓艺术于菜品之中,给人以美的享受,这是中国烹饪的重要特色。

4.菜品烹制时间长

宴席菜品制作过程工艺复杂,厨房工作人员耗费大量人力、物力,制作成本高,加工过程所需时间长。宴席的主要消费对象是上层社会,适应面窄。

5.宴席就餐过程礼仪讲究

宴席常被作为社会交往和应酬的工具,功利作用明显。

6.过于注重宴席形式

在宴席制作过程中,以好看为主要目的,有些原料加工技法有破坏食物营养成分的现象,应加以认真研究、仔细分辨,决定取舍。

随着时代的进步,菜单与宴席改革有着明显进步,但仍有不够理想的地方。特别是近些年,由诸多原因所致,在菜品与宴席设计中,产生了四大弊端:①全面追求奇珍异馔;②讲究排场,品种过多;③营养比例失调;④浪费现象严重。为此,菜单与宴席设计改革更显迫切,其现实意义表现在以下几方面。

一、菜单与宴席设计改革是社会发展的必然规律

聚餐与宴席作为人们之间的交往礼仪行为,在人类社会存在是正常和必要的。特别在经济日趋发达的现代社会,正确和合理选用聚餐与宴席的方式,有利于人们之间思想、感情、信息的交流和公共关系的改善,聚餐与宴席频繁地出现在社会生活的各个方面是大势所趋。对菜单与宴席设计进行改革的总原则应当是,从中国现阶段的国情、民情出发,顺应社会潮流,科学地指导食物消费,切实保证烹饪营养卫生,注重实际效益,努力树立社会新风尚,保留中国烹饪饮食文化中的优良传统,注重科学组配,使菜单与宴席设计更加适应社会发展的新潮流。实现菜单与宴席设计革新从感性到理性的认识飞跃,加大菜单与宴席设计的改革力度,加快菜单与宴席设计改革的进程是社会饮食文明进步的表现,也是社会发展的必然规律。我们要以这种现代文明饮食观,审视和改革我们现在的菜单与宴席设计。

二、菜单与宴席设计改革是消费者的必要需求

人们的饮食正由"温饱型"向"营养型"过渡,认识到菜单与宴会设计的弊端,才能接受并参与菜单与宴席设计的改革。一般来讲,广大消费者要求菜单与宴席做到精、全、特、雅、省,保留传统饮食文化风采,强化它的科学指导和时代气息。

三、菜单与宴席设计改革是经营者的必经之路

餐饮企业是举办饮食宴席的主要活动场所,现代餐饮业经营者,对菜单与宴席设计改革的成败十分重要。餐饮业要进行一系列菜单与宴席改革是社会经济发展的需要,积极进行菜单与宴席设计观念的更新,掌握现代营养与饮食科学知识,认识到进行菜单与宴席设计是现代文明高度发展的必然趋势和广大消费者的迫切愿望。要消除菜单与宴席设计的改革会使经济效益暂时下降的思想顾虑,充分挖掘烹饪技艺的潜能,改革菜点烹饪工艺流程,树立新烹饪、创新菜点、新餐饮的观念,必定会受到广大消费者欢迎,使菜单与宴席设计改革符合社会发展潮流,为消费者引导正确的饮食观。

第二节　菜单与宴席设计改革的内容

菜单与宴席设计的改革是社会发展的必然趋势,其变化经历了变革、创新、规范、再变革、再创新、再规范的过程。从人类饮食文明发展的过程来看,当人类已经解决温饱而达到"小康"生活水平后,聚餐与宴席不再是权力、地位、金钱的象征,而是人们健康、社交、娱乐的需求。从我国聚餐与宴席演变情况看,它们总是在时代潮流的冲击下,不断挣脱固袭的束缚,在竞争中求生存,在开拓中觅路径从而以新的形式与内容来吸引广大消费者,其改革内容包括以下几方面。

一、菜单与宴席设计在菜名上的改革

菜品的命名之美,是中国菜点的特色之一。美妙的菜名,能收到"先声夺人"的良好效果。食客未见其物,未尝其味,则已因菜名而兴趣盎然,充满期待。

(一)菜名改革的具体要求

菜品命名并非随心所欲,而是按照菜单内在的规律,结合设计流行趋势进行。通常可考虑以下几个方面:

1.菜名要名副其实

历代文人墨客,尚食厨膳,对菜名都精于求精,其菜品命名手法和格式也众多。有的使用朴实而清晰的词语命名,力求名副其实,使人们从菜名可以看出菜品的特色和全貌。这种方法大多利用菜肴的主料、辅料、烹饪方法、色、香、味、形特色以及人名、地名等来制定菜肴的名称,使人感到雅致得体、朴素大方,并能增加人们食欲。如冬笋炒鸡片、盐水基围虾、清蒸鳜鱼、香酥鸡、红烧肉。

2.菜名要引人食欲

有的菜名针对客人的猎奇心理,重点突出菜肴某一特色,加以渲染,以诗情画

意、富丽典雅的菜名,引起客人无限遐想,增加就餐者的食欲。如"美极基围虾""OK 酱鱼片"等。

3.菜名要雅致得体,富有寓意

采用文学上赋、比、兴等方法,着意美化菜名,或利用谐音转借,或利用象形,或借历史掌故,或衬以吉祥如意,或借比喻并带有夸张等,这种方法运用广泛并带有较高的艺术性。如"发财鱼圆"(发菜鱼圆)、"年年有鱼"(清蒸鳜鱼)等。

4.菜名要充满想象,耐人寻味

中国菜名充满了艺术性,它想象丰富、比喻精妙、情趣高雅、意境深远,给人以文化的熏陶,艺术的美感,如"锦绣山河"(五彩芋卷)、"五谷丰登"(什锦蔬菜)。

(二)菜品的命名方法

1.写实命名法

即如实反映原料搭配、烹饪方法、菜肴特色或冠以发源地等,都突出主料名称,如取其"真实名称"的清蒸鱼、花菇扣鹅掌、冰糖官燕、金陵盐水鸭等。

2.会意法

往往针对消费者搜奇猎异的心理或风俗人情,抓住菜品特色加以形容夸张,如广东名菜龙虎斗、江苏名菜三套鸭等。

3.形象法

利用菜点成品形象来命名菜品,如佛手白菜、松鼠鳜鱼等。

4.人物法

以历史人物和官名来命名的菜品。如宫保鸡丁、东坡肉、贵妃鸡等。

5.拟古法

一般以历史故事、神话传说或民俗风情为素材,从字面上看不出什么菜品,也不知其风味特色和原料构成,但具有某种历史和文化典故。如红娘自配、佛跳墙、护国菜等。

二、菜单与宴席设计在菜品质量上的改革

菜点的数量与质量是菜单与宴席设计的主要任务,我们应适当控制菜点数量,防止堆盘叠碗的现象,同时又需改进烹饪技艺,使菜点精益求精,重视口味与质地,提升菜点的口感,具体从如下几方面进行改革。

(一)在菜品数量上的改革

勤俭节约、科学饮食是社会发展的必然趋势,量力而行是现代人消费的一种时尚,被社会各阶层消费者所接受。过去讲究豪华的一桌宴席上万元、菜品中包金镶银的风俗乃至猎食国家明令禁止的野生动物的违法行为得到有效的抑制,讲排场、相互攀比的"高消费"宴席逐步减少,讲究实惠的宴席普遍流行。把菜品的数量控

制在适当范围,符合消费者需求,防止宴会菜品过多而造成浪费。

（二）在饮食文化上的改革

现代餐饮企业在注重菜品的同时也注重饮食礼仪、强化饮食的情调,提高餐饮服务质量。在品尝美味佳肴时播放优雅的背景音乐,有时观赏文艺表演,特别是一些重要的大型宴席上有时还边吃边观看歌舞表演。音乐、舞蹈、绘画等艺术形式都将成为现代宴席的重要组成部分,体现中华民族饮食文化的风采,起到陶冶情操、净化心灵的作用。

（三）在菜品规格上的改革

现代餐饮在规格上讲究菜品的实惠,以够吃为标准,向"四菜一汤"或"三菜一汤"方向发展,一是节省费用,粗料细作同样可以达到较好的宴请效果,不盲目追求高档原料、讲究排场;二是节省时间,这样宴席就餐时间紧凑合理,时间不会拖得太长。

（四）在菜品造型艺术上的改革

菜品色彩造型艺术是增加就餐者食欲的重要途径。菜品造型及色泽应尽量保持烹饪原料自然形态和色彩,使每一桌菜品造型优美,色彩丰富多彩,富于变化,适应消费者不断发展的需求。

（五）在菜品风味特色上的改革

菜品要富有地方风情和民族特色,不能从东到西,由南向北都是一个"味"。对待外地宾客,在兼顾其口味嗜好的同时,还可以适当安排地方特色名菜,在菜单与宴席改革中做到菜品风味各异。

三、菜单与宴席设计在营养卫生上的改革

（一）讲究菜品的营养化

中国烹饪要在继承传统的烹饪技艺的基础上,吸收海外烹饪经验,与现代科学结合起来,以营养为前提,保证色、香、味、形的完美统一,保障和提高我们民族的体质。注重菜品的营养合理搭配,必须使营养学从单纯研究食物养分的狭窄天地中解脱出来,强调在现有的菜品制作基础上,讲究菜品营养元素科学组配。这样可以提高现有原料的营养价值和现有原料中营养的利用率。讲究营养不是片面地要人们吃得"好",而是要人们吃得科学合理。同样的经济支出,不讲营养乱吃和讲营养科学合理地吃,对身体健康带来的效果是完全不同的,饮食科学是人类讲究文明发展的必然趋势。中国烹饪的发展,必须走向科学化、营养化的道路,才能永葆"烹饪王国"的美誉。

在进行菜单与宴席设计时要做到饮食结构向着营养化方向发展,更加合理、科学的绿色食品越来越多在宴席餐桌上出现。宴席的营养全面化体现在要依据国

际、国内科学饮食标准设计宴席菜单,大力提倡根据宴席就餐人数实际需求设计宴席菜单。在实施过程中做到用料广博、荤素搭配、营养组配全面、菜点组合合理。在烹饪原料选择、菜品的配置、宴席的规格上,都要符合饮食的平衡,使宴席菜单设计更加科学化。

(二)讲究菜品的卫生化

现代餐饮企业更加注重菜品营养卫生,进餐方式由集餐式向分餐方向发展,采用"各客式""自选式""分食制",当今高档宴席基本上实现分餐各客制,既卫生又高雅,提高服务的水准。

四、菜单与宴席设计在烹调方法上的改革

(一)烹调方法多样化

菜单与宴席改革要保持地方风情和民族特色,在菜品的口味上要有变化,烹调方法不能千篇一律,色泽和造型要讲究艺术性,使烹调方法呈现多样,充分体现地方名菜,发挥烹饪技术特长。

(二)烹调速度快速化

现代餐饮企业对宴席菜品的烹制过程,讲究规格的统一性。在加工烹饪原料或某些菜品时,会更多采用集约化生产方式,半成品乃至成品出现在宴席菜品制作中,使烹饪过程更加快速科学,符合社会餐饮发展潮流。

(三)烹调操作科学化

菜品的烹调是厨师有计划、有目的、有程序地对原料进行加工,使之能满足人们生理需要的加工过程。随着科学研究的不断深入,烹调工艺也将越来越完善,用现代科技成果和手段,指导烹饪实践,找出影响菜品质量的工艺环节,不断丰富和发展新的烹饪工艺,使菜品烹调操作过程更加规范和科学,使菜品烹调操作过程更加合理。

(四)烹调工艺的标准化

菜品的烹调操作厨师由经验型向科技型转变,增加烹饪操作的正确性,减少随意性,对烹调加热时间、加热温度、原料用量等的标准化,使宴席菜品更加符合顾客的需求。

第三节 菜单与宴席设计的创新

菜单与宴席设计既要注重历史传承性,又要注重改革创新。每一时代的菜单与宴席虽然都是从前代演变而来的,但又不同于前代。其发展过程有相似之处,也有不同之处。从我国菜单与宴席设计演变历史看,它们总是在时代潮流的冲击下,

不断解脱因袭的绳索,在餐饮竞争中求生存,在开拓中求发展,从而以新的菜单与宴席设计形式和内容来推动餐饮的发展。我们要拓宽菜单与宴席设计的思路,以便继往开来,推陈出新,不断设计出适应时代潮流的新的菜单与宴席菜品。

一、菜单与宴席设计的创新要求

对菜单与宴席设计进行改革,应顺应社会潮流,掌握菜单与宴席创新的基本要求。

(一)突破传统束缚改造菜单与宴席

中国的饮食文明已有几千年的历史。传统宴席菜单中许多成功的经验,我们要继承和保护。但在创新过程中,我们不能受传统菜单与宴席的局限,要突破传统束缚,克服一切阻力和历史的惰性,把菜单与宴席变革落实到实际餐饮经营活动中。

(二)体现菜单与宴席的烹饪风格

中国几千年的文明史和博大精深的烹饪技艺,造就了"食在中国"的美誉。菜单与宴席改革要兼顾传统的饮食传统和礼仪观念,使宴席具有一定规格和气氛,能显示待客的真诚和友情的分量,达到宴请的效果。

(三)菜单与宴席的创新需围绕餐饮市场需求

菜单与宴席的创新不能故弄玄虚,必须从市场需求出发,在设计宴席时做到膳食搭配合理,充分利用绿色食品,尽量满足客人的需求。制定宴会菜单标准要高、中、低不同价格、不同数量、不同档次的均有。只有顺应餐饮市场潮流,创新更多更新的宴席菜单品牌,才能满足于人们的饮食需求。

二、菜单与宴席设计的创新思路

(一)继承传统与改良相结合

传统菜单与宴席是我国烹饪文化的瑰宝,凝聚着历代厨师的智慧和创造力,创新从地方性、民族性的角度去开拓是最具有生命力的。

1.民族性是菜单与宴席创新的精髓

在菜单与宴席设计的创新中,浓郁的民族个性,应当得到重视和强化。菜单与宴席创新应从选料、加工,到刀工、组配、烹调、装盘等都注意发掘民族个性特长,烹饪工作者要熟悉了解本民族菜单与宴席制作的风味特点,在创新中不能盲目照搬别人的做法,而要突出本民族特色菜,从而利用民族饮食文化的独特性,尽可能地满足中外宾客的需求。

2.菜单与宴席创新是各民族交流的结果

不同民族间的相互吸收、交流互补,是菜单与宴席创新的动力。中外菜单与宴席的互相借鉴,会刺激和促进某一国家、民族、地区饮食文化的繁荣和发展,在不同菜单与宴席文化模式的撞击整合中推动饮食文化的进步。

(二)饮食习惯与时代发展需求相结合

现代消费者在保持传统饮食习惯的基础上十分关注餐饮的时尚,他们在选择就餐时,往往把流行时尚的菜单与宴席作为首选。创新的菜单与宴席为时尚标志之一,餐饮企业经营管理中都十分重视这一理念。每一次菜单与宴席变化的出现,对餐饮企业都是一个发展机遇。谁占领市场,谁就能获得良好的经济效益和社会声誉。不同时代创出的菜单与宴席风格是不同的。从远古、上古、中古、近代、现代的菜单与宴席的制作和创新来看,它是一部由简单到复杂,由满足人们生理到满足心理要求的发展史,菜单与宴席创新具有强烈的时代性,不同的时代人们对饮食的追求是不同的。我们应根据时代的发展,创造出更多的时尚菜单,满足人们的饮食需求。以下是现代社会流行的比较富有特色的宴会菜单。

1.茶宴席的菜单

茶起源于中国,传播于世界。我国古时就有用茶来宴请宾客,也称茶宴、茶肴。在唐代,茶菜是作为宴席膳肴而专供达官贵人享用。茶宴菜单有贝酥茶松、双色茶糕、乌龙顺风、观音豆腐、碧螺腰、茶叶鹌鹑蛋、旗枪琼脂、红茶牛肉等色、香、味、形俱佳的茶菜冷盘,热菜则有太极碧螺春羹、紫霞映石榴、茶香鸽松、乌龙回春白、红茶焖河鳗等,最后助兴的工夫茶则有消积食、去油腻的作用。

2.金秋时节蟹宴菜单

阳澄湖畔的厨师利用阳澄湖的特产大闸蟹而制作了独具特色的"菊花蟹宴",为中国宴席增添了华丽的篇章。他们精心制作了清蒸大蟹、透味醉蟹、异香蟹卷、姜葱蟹钳、芙蓉蟹肉、鸳鸯蟹玉、菊花蟹斗、仙桃蟹黄、口蘑蟹圆、蟹黄鱼翅、蟹黄菜心等蟹肴,以及蟹黄小笼、南松蟹酥、蟹肉方糕等蟹点,可谓"食蟹大全"。

3.饺子宴菜单

西安厨师精心研究饺子文化,运用皮、馅、形、色的不同,将中国传统的饺子食品首创了"饺子宴",融烹饪技术与造型艺术于一体,饺形各不相同,有象征吉祥如意的"龙凤呈祥""满载而归""雪中送炭"饺;有造型生动的龙凤、金鱼、蝴蝶、白兔饺。它的馅料选自各地名产品,如鱼翅、海参、干贝、驼掌等,中国食文化的精华材料几乎都荟萃于此了。上饺的顺序也是按人们的口味习惯,炸、煎、蒸、煮依次而上。味道有甜有咸,有麻辣或怪味等,真是神州一绝。

(三)广泛交流与推陈出新相结合

创新思维不是在封闭中产生的,而是在开放和比较中形成发展的。中外烹饪界之间的交流、地方菜之间交往的增加,开阔了餐饮界视野,看到宴席的发展变化和自己宴席原有的不足,并对这些菜品进行综合分析,汲取一切可以利用的菜品,在全国各地产生一些改良的菜单与宴席,如中西合璧的宴席菜单,使中国传统烹饪开放出鲜艳的花朵。任何菜单与宴席创新都是人类文化长期历史演变的结果,需要不断推陈出新,改变传统的饮食消费观念。

(四)挖掘烹饪原料与烹饪技法相结合

1.充分利用各种特色原料

烹饪原料的广博为中国各地菜品制作与创新形成独特风味奠定了物质基础,为菜品创新提供了优越的条件。认识和发现烹饪原料,便是烹饪求变化,菜品出新招的一个重要方面,在烹饪实践活动中,烹饪原料是一切烹饪活动的基本条件。而菜品创新更是不可忽视原材料的变化。宴席菜品的烹饪原料丰富多彩,在制作菜品中如果广大烹饪工作者从烹饪原料的变化出发,将传统名菜的风格加以适当的改变,或添加新的烹饪原料,或变化技法等,都会烹制出独特的宴席菜品。

2.合理运用各种调味品

宴席菜品的调味是指在烹调中,运用各种调味品及调味技法调制食物口味的工艺。调味是烹调食物时决定宴席菜点风味、质量优劣的关键工艺,也是衡量烹饪技术水平的重要标准。宴席菜品创新的源泉之一取决于调味的利用配制,主要是合理地运用调味料。我国历代厨师在调味方面积累了许多经验,值得烹饪工作者加以利用和发扬。"口之千味,有同嗜也",这提醒我们在实际工作中应提高菜品的质量,以适应广大消费者的共同需要;"食无定味,适口者珍",意为更应该从不同顾客特殊需求出发,保持和发扬各地菜品的独特风味,从口味上入手,创新宴席菜品。

3.科学采用烹饪技法

在烹饪实践活动中通过烹饪工艺的学习、引进、交叉、综合等,可使一些传统宴席菜品得到合理改良,更加适合消费者需求,新工艺得到合理利用,而使新菜品不断产生。在对各种宴席的烹饪文化要素进行选择、吸纳与融合,继承人类各民族精神,从而拓宽菜单与宴席设计创新的视野。当今中国餐饮业进入了一个快速发展时期,人们对宴席菜肴的需求发生了很大的变化,餐饮业也随着社会的发展而不断变化,我们要不断强化创造意识,善于学习菜单与宴席知识,掌握菜单与宴席创新的方法。

三、菜单与宴席设计的创新方法

(一)分析名宴菜单,取其精华

我国著名的宴席有全羊宴菜单、豆腐宴菜单、海参宴菜单、全鸭宴菜单、全素宴菜单等著名宴席菜单。明清两代菜单与宴席设计初具规模,具有一定的制作水平。新中国成立后,经过不断发展,烹饪界从原料选择、烹饪工艺、菜品组合、装盘及造型工艺等方面对名宴菜单进行改良,使菜单与宴席的品位不断提高,风味更加独特,吸引广大食客。这种创新使名宴菜单不断完善,从菜单内容到制作手法都发生变化,影响更大。

(二)借鉴古宴菜单,巧变形式

千里不同风,各宴样不同。借他人之长,补自己之短,这是中国厨师一贯的制作方针。例如,民国年间相继出现的川、粤、鄂、晋各式的满汉全席菜单,大都沿用清宫满汉全席的格局,继承其中的名菜,相继补充本帮相近的菜品,参照本地饮食习俗改造成本地菜系的风味特色。这些新式的满汉全席既有旧式满汉全席的风韵,又融合了本地菜点的独特风味,古今结合,各自形成风格。当今的"满汉全席"在内容、饮食方式及制法上都有新的内涵。

(三)宴席菜单的触类旁通,联想变化

这种方法就是有意识地改变思维定式,从新角度去思考菜单与宴席,从而开发出独特新颖菜单与宴席。例如,明清全羊席菜单以款式多、变化巧、规模大深受食客欢迎。后来烹饪界广大厨师深受启示,利用其他原料仿制,相继创造出全鱼宴菜单、全鸡宴菜单、全鸭宴菜单等。这些新菜单与宴席的菜品,组配合理、构思巧妙、烹制讲究,同样深受人们喜欢。

(四)改良名宴菜品,模仿出新

改良法就是将中国传统菜或其他菜肴,根据现代人的饮食习惯和审美需求,改革创新,成为人们所喜欢的菜品或宴席。如周代八珍宴菜单影响广泛,加以改良创造出水陆八珍菜单、海八珍菜单、江鲜八珍菜单等,保留宴席名称,更换菜单内容,使八珍宴席菜单日新月异。改良法源于传统、高于传统才有无限的生命力。

(五)顺应潮流,打破宴席菜单的传统

我国有些传统宴席菜单,尽管在历史上影响较大,但是由于人们意识的改变和国家法规发生变化,不能满足人们的饮食需求,如穿山甲宴席菜单、熊掌宴席,这些动物均属国家野生保护动物,不得捕杀,所以逐渐被淘汰。但我们只要不断开拓,利用其他材料代替,能创造出更多、更新的宴会菜单。

(六)开发宴席菜单品牌,扩大影响

新世纪到来,餐饮企业面对挑战,把现代科学技术渗透到菜单与宴席开发中,树立餐饮经营特色和菜单与宴席的品牌,立足传统菜单与宴席,创新发展菜单与宴席,使现代菜单与宴席的文化含量逐步提高。餐饮企业要得到生存与发展,要想在市场上独树一帜,就要实施菜单与宴席的品牌战略,只有这样才能使企业在消费者心目中立于不败之地。创造更多面目一新的现代菜单与宴席,像江鲜宴席菜单、秦淮风味小吃宴菜单,以及水果宴菜单、鲜花宴会菜单、海鲜宴菜单,打破宴席菜单设计的常规,把菜单与宴席的创新引向更为广阔的天地。

本章小结

　　本章较全面地阐述了菜单与宴席设计的改革与创新,并根据菜单与宴席设计改革的基本思路,提示了改革的具体措施,通过在菜名—质量—营养—结构—烹调方法等方面的改革,使菜单与宴席设计更加符合社会发展的需要;通过学习菜单与宴席设计创新思路,使学生懂得如何把创新方法运用到菜单与宴席改革的实践工作中去。

【思考与练习】

一、职业能力应知题

　　1.简述菜单与宴席设计改革的意义。

　　2.菜单与宴席设计在营养卫生上应该怎样改革?

　　3.菜单与宴席设计在烹饪方法上如何改革?

　　4.试述菜单与宴席设计的创新思路和方法。

二、职业能力应用题

　　1. 试述烹饪原料与烹饪技法相结合的宴席菜单的开发?

　　2. 试设计一份全鸭宴菜单,具体要求如下:

　　　　(1)参加人数:10 人。

　　　　(2)售价:每位 120 元(酒水除外),销售毛利率 55%。

　　　　(3)规格:6 个冷碟、6 菜 1 汤、点心 2 道、水果拼盘 1 道。

参考书目

[1] 周妙林.宴会设计与运作管理[M].南京:东南大学出版社,2014.

[2] 周宇,颜醒华.宴席设计实务[M].北京:高等教育出版社,2003.

[3] 周妙林,夏庆荣.冷菜、冷拼与食品雕刻技艺[M].北京:高等教育出版社,2002.

[4] 陈金标.宴会设计[M].北京:中国轻工业出版社,2002.

[5] 胡梦蕾.餐饮行销实务[M].沈阳:辽宁科学技术出版社,2001.

[6] 邵万宽.美食节策划与运作[M].沈阳:辽宁科学技术出版社,2000.

[7] 匡家庆,马开良,丁霞.饭店餐饮管理[M].南京:江苏人民出版社,1999.

[8] 邵万宽.菜点开发与创新[M].沈阳:辽宁科学技术出版社,1999.

[9] 马开良.餐饮生产管理[M].北京:科学技术文献出版社,1996.

[10] 施涵蕴.菜单计划与设计[M].沈阳:辽宁科学技术出版社,1996.

[11] 周妙林,李炳权.中餐烹调技术[M].北京:高等教育出版社,1995.

[12] 陈光新.中国筵席宴会大典[M].青岛:青岛出版社,1995.

[13] 陈光新,王智.中国筵席八百例[M].武汉:湖北科学技术出版社,1987.